JN145110

ぜったい
成功する！

はじめての 学会発表

たしかな研究成果を わかりやすく伝えるために

西澤幹雄 著

化学同人

本文イラスト／あまちゃ工房　天野勢津子

まえがき

今この本を手に取っている人は、前著『はじめての研究生活マニュアル―解消します！　理系大学生の疑問と不安―』もすでに読まれていることでしょう。前著では卒業研究を始める卒研生を対象に、研究生活の初歩的なことをあれこれ書きました。みなさんはもう自分で計画を立てて、準備をして、実験をすることができるようになっていると思います。

この本は、卒業研究や大学院の修士課程（博士課程前期課程）での研究が進んで、そろそろ学会発表をしてみたいなと思っている人たちのために書きました。学会発表のテクニックについてくわしく書いてある本はたくさんあります。しかし「どのくらい研究したら学会で発表できるの？」「どのように要旨を書いたらいいの？」など、いちばん大切なことはちっとも書いてありません。この本では学会への応募にはじまり、要旨を書いて、ポスターや発表原稿を作成して、学会で発表するまでのさまざまな疑問に答えます。

魅力的な発表にするためのポイントは「たしかな研究成果を、どのようにわかりやすく他人に説明するか」です。苦労して研究しても、聴衆に理解してもらえなければ意味がありません。この本では、「もっと話を聞きたい」と聴衆に思わせるような魅力的な発表に仕上げるコツを書いてあります。また英語で要旨を書いて発表する場合についてもサポートしています。

学会での研究発表の経験は、卒業してからもきっと役立ちます。同時に、研究のおもしろさを知って、研究の奥深さにふれることにもなります。この本を読んで、研究発表でがんばった経験をこれからの自分の未来に生かしていきましょう。

本書の構成と使い方

各項目は読み切りです。興味のあるところをつまみ読みしても OK です。

• 実行難易度

実際に実行しやすいかどうか、項目ごとにレベル 1 ～ 3 で示しました。

Lv.1　すぐに実行できる
Lv.2　ふつう
Lv.3　がんばったら実行できる

• ポイントと説明

項目の具体的なポイントとその説明です。

• ステップアップ　チェックリスト

余力のある人のために、「こうしたらもっとよくなるよ」という提案です。

• ポップアップ説明

本文中のわかりにくい語句などの、くわしい説明です。

• こんなこと　ある！ある？

実際に起りそうな例をマンガにしました。研究室の学生と先生が登場します。

• ある日のアツキ研究室

大学の研究室などでの、学生や先生との対話です。

• なんでも Q&A

学会発表をめぐるさまざまな疑問や悩みに先生が答えます。

• キーワード

見出しに出てくる大切な語句や、本文中のキーワード（太字の言葉）は、巻末の索引に収録してあります。索引から、関係あるページ（項目）を見てみるのもよいでしょう。

登場人物

本書に出てくる学生たちと先生を紹介します。

此道(このみち)いち子(こ)

卒業研究を行っている学部生。そのまま大学院に内部進学しようとしている。真面目な優等生だけど、猪突猛進タイプ。

薄井(うすい)カゲ夫(お)

卒業研究を行っている学部生。入りたい研究室でなかったため、やる気がいまひとつ。他大学の大学院の入試を受けようとしている。

余渡(よわたり)タクミ

卒業研究を行っている学部生。就活組で、企業説明会や面接などで忙しい。卒業研究もうまくこなしている。

瀬羽(せわ)カケル

卒業研究を行っている学部生。就活組。やる気はあるが、要領が悪くて苦戦している。

間宵(まよい)ます恵(え)

卒業研究を行っている学部生。就職か大学院進学か迷っている。将来のことをイメージできずには悩む大学生。

面堂(めんどう)よし美(み)

修士課程の大学院生。論文をしっかりと読み、実験を熱心に行う優等生。学会発表の準備もしている。

木持(きもち)あら太(た)

修士課程の大学院生。卒業研究はあまりマジメにしなかったが、大学院では心を入れ替え、学会発表をめざしている。

マイク

カナダからの留学生で修士課程に在籍。熱木研究室で研究の実力をつけようと思っている。研究室のメンバーとも気さくに話す。

我賀(がが)ツヨシ

博士課程に入学したての大学院生。どんな相談にものってくれるが、ズケズケ意見をいう。またの名は「ミスター・ガガ」。

熱木一郎(あつきいちろう)

教育と研究に燃える某私立大学の教授。研究室では実験から進路まですべて、学生の相手をしている。

CONTENTS

CONTENTS

CONTENTS

1章

学会発表を意識しよう

自分の研究成果を学会で発表したら、日本中あるいは世界中の多くの人に知ってもらうことができます。

こんな機会はめったにありません。学会で発表してみましょう。

実行難易度　Lv.1

01. 研究はおもしろい

多くの人に知ってもらおう

1. 好きなテーマを選ぼう！

自然科学の研究では、自分でテーマを自由に設定できます。そして自分が疑問に思ったことを解決できます。しかし、一生かかっても解決できないようなテーマは避けましょう。卒業研究や大学院では、ふつう先生が候補になる研究テーマを提案してくれたり、相談に乗ってくれたりしますが、最後は自分自身の判断で決めましょう。

2. テーマの答えは未知

答えがわかっていることは学会で発表できませんし、論文にもなりません。ですから、研究テーマの答えは誰も知りません。未知のテーマについて、「なぜそうなるのか」と考える過程が一番おもしろいところです。答えのないテーマに挑戦し、答えを出すことによって今まで科学は進歩してきたのです。答えがないから、さまざまな夢や可能性がある＊1のです。

＊1　研究者の生きがいの一つは、科学上の大きな疑問を解き明かすことにあります。

3. 答えを見つけるためにアイディアを出そう！

未知のテーマについて「なぜそうなるのか」答えを見いだすためには、自分で**仮説**＊2を立てなければなりません。疑問について、自分のアイディア（仮説）を実験して確かめることは新しい発見につながるので、とても楽しいことです。アイディアを出すことで未知の課題を解決する能力（**問題解決能力**）もアップするので、就職活動でも社会に出てからも役に立ちます。

＊2　「データからなぜ結論がいえるのか」を導く考えのことです。仮説は仮定であり、論拠ともいわれます。

4. 新しいことは発表しよう！

今までに知られていない「**何か新しいこと（What's new）**＊3」には誰でも興味をもちます。「何か新しいこと」を見つけてこそ、研究の価値が生まれます。新しいアイディアや実験結果は他

＊3　ドイツ語でNeues（ノイエス）ということもあります。研究のセールスポイントで、他人に興味をもってもらうために必要な部分です。

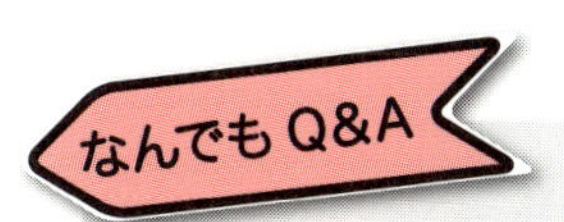

Q 大学院の修士課程ではどうすごしたらいいんですか？

A 将来に結びつけられるように、計画を立ててすごしましょう。

大学院は自分の将来につながる大切な時期です。とくに**修士課程**（Master course）の2年間で、将来の進路を決めなくてはなりません。卒業までの毎月の予定を考えましょう。

修士課程1年目の前半では、研究は思い通りには進まないものですが、データをしっかり集めましょう。卒業後に**企業**に就職する場合、1年目の後半から企業の**インターンシップ**（就業体験）や説明会が始まり、就職活動が始まります。2年目の内々定後は気が抜けてしまったり、夏休みを長く取りすぎたりして実験が進まなくなることもあります。研究と就活で2年間ですので、余裕をもった実験計画を立ててから研究を進めましょう。

公務員試験を受けて国家公務員や地方公務員をめざす場合や、教職課程を受講して**教員採用試験**を受けて学校の先生をめざす場合は、それぞれしっかりと勉強しなければなりません。**博士課程**に進学する場合には研究をずっと続けていく覚悟が求められ、博士号取得後は大学の研究職・教育職あるいは企業の研究所の研究員をめざすことになります。

人が評価して応用してくれるから、研究は楽しいのです。
What's new を見つけ、そして発表して多くの人に知ってもらいましょう。

ステップアップ　チェックリスト

- □ さまざまなことについて「なぜ？」と考えるようにしましょう。
- □ 科学研究に関する一般書（新書など）を読んでみましょう。
- □ 研究テーマのおもしろいところや未知の部分を探しましょう。

実行難易度　Lv.1

02. 実験データをためよう！

データがあるから新しいアイディアがわく

1. まずは実験データを集めよう！

科学的な根拠として、**実験データ**と**論文**（**文献**）の二つがありますが、研究では「実験をしてデータをためる」しか方法はありません。実験をせずに、大学や大学院を卒業することはできません。やった実験の数が多ければ、新しいことを見つける糸口が見つかる可能性は高まります。学会発表するために、実験データを増やしていきましょう。

2. What's new をさがそう！

研究の成果には、今までの論文に載っていないこと、つまり「**何か新しいこと**（What's new)」がどうしても必要になります。

Q 大学院での研究と卒業研究はどう違うの？

A 大学院での研究のほうが、もっとレベルが高いです。

大学院には修士課程（2年間）と博士課程（3年間）があります。医学部や薬学部などの6年制学部の上には、大学院博士課程（4年間）のみがあります。卒業研究（1～2年間）は学部での実習単位の一つであり、研究レベルはひどく高いものではありません。大学院の修士課程は博士課程の前段階で、**修士論文**を書いて修士号を取ることができます。そのため、学部より高いレベルの研究内容が求められます。博士課程では、研究成果を専門の学術誌に投稿して**博士論文**を書くので、プロの研究者と同じレベルの研究を行っています。

こんなこと ある！ある？ 大学院入試の面接

他人と同じ実験をする*だけでは、単なるくりかえしになってしまいます。「今あるデータでなんとかしよう」というのもやめましょう。学会発表をするために実験をして、What's new を積極的にさがしましょう。

＊ まったく同じ実験ではなく、「似たような実験」をしていても、その中に What's new を見つければ学会発表につながります。

3. 自分のアイディアをもとう！

何のために実験をしているのか、**研究の目的**を見失ってしまう人がいます。「何を知りたいのか？」「何を証明したいのか？」、よく考えてみましょう。そうすれば、今までの実験結果から「○は△のようになっているのではないか」と、新たなアイディアがわいてくるでしょう。これが次の実験につながり、学会発表への道が開けます。

実行難易度 Lv.1

03. 研究は発表することに価値がある

研究報告は学会発表につながる

1. 研究室の報告会で方向づけ

研究室ではメンバー全員が自分の研究について**報告**[*1]します。今までやってきた研究内容をわかりやすく説明して、みんなに聞いてもらう絶好の機会。研究報告会ではまだ完結していないデータを出して、メンバー全員で「これからどのように研究を進めていくか」について意見を出し合います。ここで、今後の研究の方向性を決めましょう。

＊1 研究報告会、研究報告セミナー、プログレスレポート（Progress report）と呼ばれます。

2. 研究報告は成功のきっかけになるよ

研究報告会の目的は、「どこを直したらもっとよい研究になるか」を前向きに考えることです。もちろん実験の失敗の原因は考えるべきですが、「この試薬を入れたから失敗した」だけではダメ。その後に「どこを直したら次にうまくいくか」を自分で考えて説明しましょう。前向きの対策を考えることで研究は大きく進歩して、学会発表に近づきます。

3. 思いどおりのデータでなくても役に立つ

研究報告会では厳しいコメントも飛んでくる[*2]ため、成功したときのデータしか出さない人もいます。しかし、失敗したときのデータもかなり参考になります。完璧なデータでなくても、思いどおりの結果にならなくても、ネガティブな結果[*3]でもかまいません。自分の行った実験データのうち、関係するものはすべて出しましょう。

＊2 興味がなければコメントはしません。聴衆が無反応のときが一番怖いときです。

＊3 たとえば「〜が関係している」というデータ（ポジティブデータ）に対し、「〜は関係していない」というデータのこと。

4. 学会発表して修士論文につなげよう！

研究内容がレベルアップすれば実験データが少しずつたまって、研究がおもしろくなってきます。そして学会発表が可能になり、**修士論文**にもまとめられます。しかし学会発表できる実験データ

ある日のアツキ研究室

大学院で研究をしたら就職活動に役に立つ！？

間宵さん（マ）：先輩、就活の面接をしたことあるんですよね？

我賀くん（ガ）：うん。修士課程卒業後に企業に就職するか、博士課程に進学するかで迷ったんだ。

マ：大学院でがんばって研究をして、就活で役立つことってあるんですか？

ガ：もちろん。大学院で研究したことはすごく役に立ったと思うよ。

マ：何が役立ったんですか？

ガ：やる気と熱意をもって研究を進めれば、問題解決能力を磨けるんだ。企業では答えがないことばかりするから、実力勝負なんだ。

マ：ほかにも何かありますか？

ガ：研究をしてると、自分が優れているところとか得意な部分が見つかるね。これって長所を見つけることだし、強みになるよ。面接では会社に入ってからの可能性（ポテンシャル）も評価されるんだ。同期の友だちも、「研究をした経験は就職活動だけじゃなく、会社に入ってからも役立った」っていっているよ。

マ：ふーん、そうなんだ。

を集めるには１～３年かかります。７章「研究の質を高めよう」を読んで、研究内容をレベルアップするにはどうしたらよいか考えて、実験をしましょう。

ステップアップ　チェックリスト

- □ 卒業研究から今までに、どのくらいの実験データを集めたか見直しましょう。
- □ 修士課程では修士論文を書くことを最終目標として、研究を進めましょう。

実行難易度　Lv.2

04. 学会で発表して実力アップ

研究発表は自分自身への挑戦

1. 与えられたことだけをしていてはダメ

大学院で要求される研究レベルは高いので、先生にいわれたことだけをやっていたのでは、なかなか学会発表できるレベルに達しません。修士論文を書くのもたいへんです。また自分自身の**問題解決能力**も上がりません。「自分の研究」であることを意識しましょう[*1]。そうすれば、自然と実力がついてきます。

＊1　好きでやっているのではないとか、誰かにいわれたからやっているという姿勢は社会でも通用しません。

2. 学会で発表できるような内容に高めよう！

学会で発表するためには、卒業研究以上に実験して研究の質を上げなければなりません。実験の量も大切ですが、質が上がれば量も増えます。修士論文につながるような中身であれば、学会での発表はもちろん可能です。学会発表をめざして研究内容を高めるために、たくさん実験しましょう。

3. 内定後もがんばろう！

就職活動（就活）[*2]で内々定や内定が出てからの時期はとても大切。就活のあとに気が抜けてしまって、研究が進まなくなる人[*3]もいます。学会発表をしたり、修士論文を書くためにはまだデータが足りないので、ボーっとしてはいられません。実験をさらに進めて、今までの研究成果をたしかなものにするために、就活後も実験にはげみましょう。

＊2　就職活動の開始時期は年によって違います。また、すぐに内定をもらえる人から、かなり時間がかかる人までいろいろです。インターンシップ、会社説明会、面接、内定式などがあります。

＊3　「就活後燃えつき症候群」とも。就職内定後に発症し、主症状は不登校。1～3か月続く。

4. 学会発表は会社でも評価されるよ

「自分が行ったことをどれだけ他人に伝えられるか」は、実際に発表経験をしたかどうかにかかっています。小手先のプレゼンテーション力（説明力）では太刀打ちできません。学会発表ができれば自信につながるだけでなく、高い研究能力と問題解決能力があることの証明にもなります。会社で評価されることはもちろ

ある日のアツキ研究室

大学院生の到達目標は？

面堂さん（メ）：大学院修士課程の学生には、どんな能力が求められるんですか？

熱木先生（ア）：しっかり研究して、その内容を日本語で正しく表現できることが目標だよ。英語論文も読んで理解できるようになるといいね。研究で不正行為をしないための基本的な態度と作法を習うのも大切。もちろん最後には、研究のまとめとなる**修士論文**[*5]をきちんと書かないとね。

メ：はい。修士論文を書くのは難しそうですね。

我賀くん（ガ）：博士課程の院生には何が求められるんですか？

ア：博士レベルでは研究を進めて、**筆頭著者**[*6]として英語論文を書いて、専門の学術誌に投稿して掲載されることが条件。そしてまとめの**博士論文**を書いて学位が審査されるんだ。

メ：えーっ。英語で論文を書くんですか！

ア：そうだよ。自分の研究成果を論文にまとめて、内容を評価してもらうんだ。自分の研究が全世界の人に知られるようになるんだから、すばらしいことじゃないか。

ガ：はい。一人で英語の論文を書くのはたいへんそうですね。がんばります。

ア：論文を書く前に、実験データをためなきゃいけないよ。

ガ、メ：しっかり実験しまーす。

＊5　大学院修士課程のまとめの論文。ふつうは日本語でよい。

＊6　Corresponding author（ふつうは指導教授）とともに、論文と研究内容についての全責任をもちます。

ん、奨学金の申請や返還免除の申請[*4]でも有利になります。

＊4　日本学生支援機構の大学院奨学金については「特に優れた業績による返還免除制度」があり、学問分野での顕著な成果や発明・発見も評価されます。

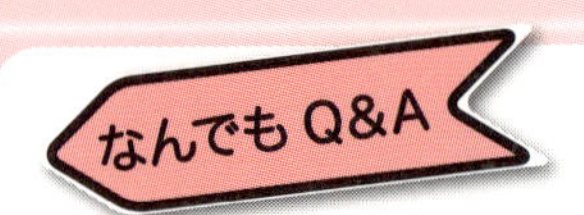

SPECIAL EDITION

Q 大学と企業の役割の違いは何ですか？

A 大学は「科学」を、企業は「技術」を担います。

1973年にノーベル物理学賞を受賞した江崎玲於奈博士は、次のように説明しています。「科学は自然界のルールを解明する体系的な知識であり、科学を社会や企業の利益、医療の向上のために活用するノウハウが技術です」*1

科学と技術が社会を発展させる力となっています。科学は人間の創造力から生まれます。大村智博士（2015年ノーベル医学生理学賞受賞）の地道な研究から生まれた薬イベルメクチンが多くの人や動物を救っています。一方、ニュートリノが質量をもっていた*2からといってすぐには実用化できませんが、科学にはあとで役に立つことがいくらでもあります。企業は利益を求めますが、技術を製品という形にして社会に還元します。目的は違いますが、科学と技術はどちらも大切で、新しいものを生み出していくことができます。

Q 外国の大学は卒業するのが大変なの？

A そうです。

ヨーロッパの大学は、ふつう学費も安く入学しやすい一方、（国にもよりますが）必修単位を落とせばすぐ留年、2回留年すると退学になります。ですから、学生はみな必死に勉強します。アメリカの大学では、ほとんどの親がいっさい学費を出しません。ローンを組んだり奨学金で学費と生活費を工面する人がほとんどと聞きます。

欧米では学部卒の新規採用は少なく、どのようなスキル（技術や能力）をもっているかの実力勝負になります。年齢や性別も関係なしです。「大学で一番がんばったことは何ですか？」と聞かれて、「就職活動」と答える学生はいません。大学院にいく人も多いですが、それは修士号を取ってスキルを身につけ、会社に入りやすくするためです。アカデミア（大学）と企業間の人の行き来が自由な点も、日本との大きな違いです。

＊1　トムソン・ロイター「〈研究者インタビュー 江崎玲於奈氏〉日本の科学・技術発展に向けた提言」http://ip-science.thomsonreuters.jp/interview/esaki/

＊2　2015年ノーベル物理学賞を受賞した梶田隆章博士の発見。

2章

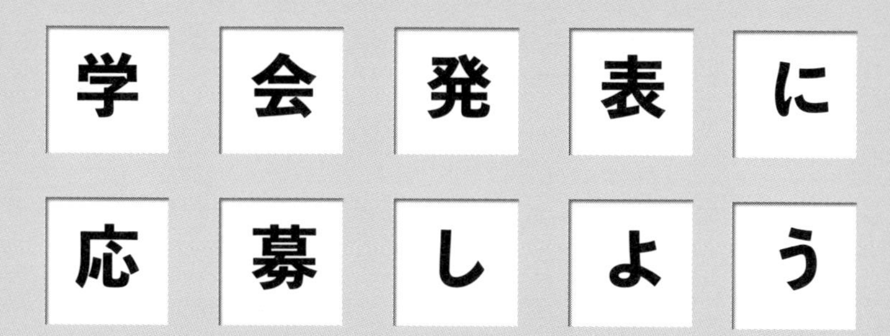

研究成果は、いろいろな学会で発表するチャンスがあります。研究が進んできたら、ぜひ応募してみましょう。

実行難易度　Lv.1

05. まず先生と相談しよう！

学会発表の三つのポイントをクリア

1. 研究発表に応募する条件は？

そろそろ学会で発表しようかなと思ったら、まず先生と相談しましょう。学会発表では、以下の三つのポイントに注意します。とくにポイント❶で、学会発表できる研究内容かどうか見きわめなければなりません。先生の意見を聞いて、学会発表できるかどうか判断しましょう。

2. ポイント❶ 研究結果は発表できるレベル？

大学外で発表する研究は厳しく評価される[*1]ので、学会での発表内容は一定の水準以上でなければなりません。卒業研究なら、がんばれば発表できるレベルになります。修士課程の大学院生なら、修士論文につながる中身の濃い研究発表が可能です。まず項目 **06**（14 ページ）を読んで、自分のテーマについて調べ、どのような発表ができるか先生と相談しましょう。

＊1　低いレベルで発表すれば、「あの研究室は質の低いものでも発表する」といわれてしまいます。

3. ポイント❷ 発表する学会を選ぼう！

なるべく口頭発表をめざしましょう。全国大会は規模が大きいため、ポスター発表が主となり、口頭発表は選ばれた人しかできません。地方会は口頭発表もポスター発表もできる場合が多く、全国大会の練習にもなります。原則としてまったく同じ内容で二つの学会で発表はできません[*2]。項目 **07**（16 ページ）を参照して先生と相談し、どの学会で発表するか決めましょう。

＊2　新しい実験結果があればそれを追加して、別の学会で発表できます。

4. ポイント❸ 学会の応募要項を調べよう！

発表する学会が決まったら、学会の応募要項を調べましょう。ふつう学会に加入しなければならないので、手続きが必要です。項目 **08**（18 ページ）を参照して、要旨投稿までに何をしなければならないか確認しましょう。ここまできたら、あとは要旨の作成

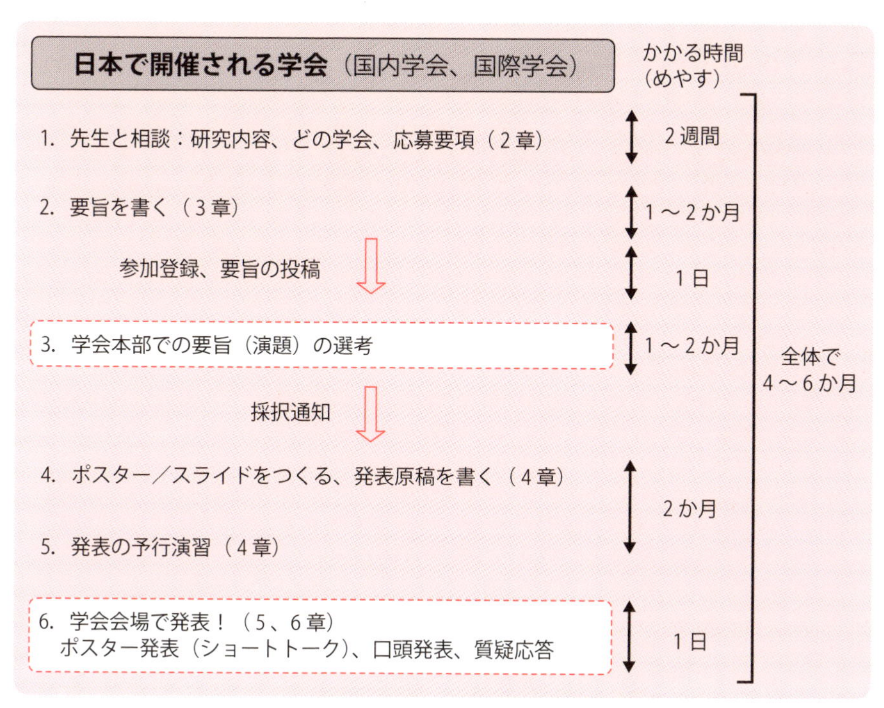

図1　学会での発表：応募から研究発表まで
（　）内は対応する章番号です。

をはじめましょう。また共著者は誰にするかも先生と相談しましょう。

実行難易度　Lv.1

ポイント❶

06. 研究結果は発表できるレベル？

研究結果の What's new は？

1. 研究テーマに関する情報を集めよう！

自分のテーマについて PubMed[＊1] や Google Scholar[＊2] を使ってキーワード検索して、同じ考えをした論文や似たような論文がないかどうか確認しましょう。まったく同じ論文はないはずです。似たような論文があれば自分のアイディアを補強することができます。情報収集の結果は、要旨の「背景と目的」や「考察」で自分のテーマが独創的であることを示すためにも大切です。

2. 最新の論文を読もう！

まず PubMed でキーワード検索し、「Article types」の「Review」を選んで検索結果を絞り込み、自分のテーマに関係するキーワードを含む**総説**[＊3]をさがしましょう。総説はたくさんの論文をまとめているので、現状が手っ取り早くわかります。**書誌情報**[＊4]を利用して総説からテーマに関係する最新の論文をさがして、読んでみましょう。そうすれば自分の研究テーマの位置づけがわかり、学会発表する価値があるかどうかを判断できます。

3. 自分の研究の What's new は何？

自分のテーマに関連する論文が集まったら、自分の研究内容の中の**何か新しいこと（What's new）**がわかってきます。What's new とは今まで知られていなかったことの発見や、疑問の解決であり、研究の売り（**セールスポイント**）になります。What's new がある研究は誰でも研究内容をもっと知りたいと思うので、What's new さえあれば学会発表はできます。

＊1　PubMed（http://www.ncbi.nlm.nih.gov/pubmed/）は、アメリカ国立医学図書館の国立生物工学情報センター（NCBI）のライフサイエンス分野の学術文献検索サービス。

＊2　Google Scholar（http://scholar.google.co.jp/）は学術関係の Google 検索。

＊3　総説には、先行研究とその時点での研究知識のまとめが書かれています。

＊4　引用や検索のときに必要となる情報で、著者名、タイトル、雑誌名、巻号、ページ数のこと。論文にはそれぞれ DOI（Digital Object Identifier; http://www.doi.org）が付けられているので検索可能です。

ある日のアツキ研究室

いつ発表できるんですか？

余渡くん（ヨ）：会社の内々定が出てから、先輩の研究を引きついで実験してるんですけど、これまでのデータで学会発表ができますか？

我賀くん（ガ）：就活中は実験をしてなかったから、そんなにデータはないんじゃないの？

ヨ：3か月間、毎日、必死でやりました。

熱木先生（ア）：たしかに実験量は大切だね。ところで、「何か新しいこと」は見つかったのかな？

ヨ：はい。薬物Aを入れたらタンパク質Bが活性化しました。

ガ：えっ！　それは先輩のした研究じゃないか。同じことをしてもWhat's newにはならないぞ。

ヨ：そう思って、タンパク質Bがさらにタンパク質Cを活性化することも見つけたんです。

ガ：実験結果の再現性はある？

ヨ：3回同じ結果が得られました。

ガ：同じ結果は今までに報告されていないの？

ヨ：PubMedには載っていませんでした。

ガ：ぬかりはなさそうだけど、似たような結果がないか、もう一度しっかり調べたほうがいいよ。

ア：あとでいっしょに生データを見ながら結果を確認しよう。データをもっと補強する実験をすれば学会発表ができるかもしれないね。

ヨ：はい。やってみます。

ステップアップ　チェックリスト

□ 自分の研究テーマに関する知識と情報については、誰にも負けないようにしましょう。

実行難易度 Lv.1

ポイント❷

07. 発表する学会を選ぼう！

学会の種類はどれだけ？

1. いろいろな学会があるよ

国内や海外でたくさんの学会が開かれています。日本で行われている学会には、学会の**全国大会**（総会、年会）、地域ごとに行う**地方会**[*1]、それから特定の研究分野の人たちが集まる**研究会**や**シンポジウム**などがあります。研究会には小規模なものから、全国レベルの大きな研究会[*2]まであります。研究が進めば、これらの学会での発表のチャンスが生まれます。

＊1　たとえば、日本生化学会近畿支部例会。

＊2　学会組織があっても「研究会」と称していることもあります。

2. 国際学会もあるよ

国内学会以外に、**国際学会**でも発表できます。ただし国際学会は要旨も発表もすべて英語です。アメリカやヨーロッパで行われる国際学会は研究内容のレベルが高く、参加登録費も高いので注意します。先生と相談して、国内学会でも国際学会でも、自分の研究分野と研究内容にふさわしい学会を選びましょう。

3. 発表形式はポスター発表と口頭発表

学会での発表形式には**ポスター発表**と、スライドを使って説明する**口頭発表**の二つがあります（表1）。時間的な制限から、発表者が多いときはポスター発表となります。ふつうは口頭発表のほうが高く評価されるので、口頭発表をめざしましょう。

4. 学会発表にはお金がかかる

参加登録費は学会ごとに違います。国際学会は日本で開催される場合でもかなり高いのがふつうです。学生には参加登録費の割引がある場合もありますが、現地までの交通費については個人負担となります。学部生・大学院生が学会発表する場合には、大学から参加登録費、交通費、宿泊費の補助が出ることもあります。ただしアルコール飲料代や昼食代は出ません[*3]。

＊3　飲食代は個人負担が原則です。

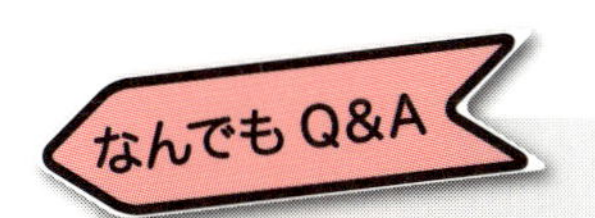

学会発表と論文発表とどちらが大事なんですか？

どちらも大事です。

卒業論文、修士論文、博士論文は研究の総まとめです。学部生の卒業研究では卒業論文を書くのがやっとで、学会発表はギリギリのレベルのことが多いでしょう。大学院の修士課程ではすぐに修士論文が書けるわけではないので、学会発表をしたあとに修士論文を書くことになります。学会発表ではくわしいデータは出せませんが、指摘を受けたことを生かし、研究内容を改善して修士論文に仕上げていきます。かなりがんばれば、専門雑誌への論文投稿も夢ではありません。博士課程では専門雑誌に論文が掲載されることが条件になっているので、専門雑誌に論文を投稿して受理されてから学会発表をします。

表１　ポスター発表と口頭発表との違い

	ポスター発表 (Poster presentation)	口頭発表 (Oral presentation)
別名	示説、ポスター供覧	口演、講演
発表方法	発表者がポスターの前に立って内容を簡単に説明（２～３分）	スライドとプロジェクタを使って説明
発表時間	１～２時間（立っている時間）	10～30分間
構成単位	パネル	スライド
提示する図表の数	７～10枚（パネル）	10～30枚（スライド）
研究のストーリー	複雑でも口頭で補足説明できる	簡単明快でないと理解できない
特徴	ポスターを見ながら理解できる	つぎつぎにスライドが流れていく
内容が整理されていないと…	ポスターを読まずに立ち去る	聴衆は寝てしまう

実行難易度　Lv.1

ポイント❸

08. 学会の応募要項を調べよう！

しめきりには遅れないように

1. まず応募要項を読もう！

学会発表をしようと思ったら、まず学会ホームページの応募要項をしっかり読みましょう。ここにはすべての情報が載っています。発表する学会への加入手続きに不備があったり、**要旨**の投稿しめきり日に遅れてしまったら、元も子もありません。要旨の作成には時間がかかる[*1]ことも忘れずに。とくに下記の項目には注意して読みましょう。

＊1　要旨は書きっぱなしではなく、先生に添削してもらいます。このブラッシュアップには２～４週間かかります。

2. 学会加入の手続きを確認しよう！

学会に加入する際には入会金[*2]だけでなく、学部生や大学院生の場合には学生証のコピーや在学証明書が必要になります。学会によっては推薦状が必要なこともあります。発表登録と並行して入会手続きをすることが多いので、学会の応募要項をよく読みましょう。入会金や参加登録費などの振込期限も確認しましょう。

＊2　参加登録費は大学からの補助の対象になりますが、入会金はふつう対象になりません。

3. 開催日、開催場所、参加費用を確認しよう！

つぎに学会の開催日と開催場所を確認しましょう。平日に開催されることも多いので、大学の講義日やティーチング・アシスタント（TA）として参加する学生実習の日と重なることもあります。その場合には先生と相談しましょう。学会によっては参加登録費が高いこともあるので、参加登録費と交通費がどのくらいかかるか確認しましょう。学会の参加登録費の振込期限も見ておきましょう。

4. 共著者を確認しよう！

研究は１人だけでしているのではありません。同じテーマについていっしょに実験をした人や、研究のアイディアを出した人は**共著者**[*3]になります。要旨を投稿する前に、共著者を誰にするか

＊3　Co-author といい、論文内容に責任をもちます。材料をもらった人は共著者ではありませんが、謝辞に名前を書きます。

こんなことある！ある？　会社内定式と同じ日に学会発表！

先生に尋ねましょう。共著者には、投稿前に要旨の内容を確認してもらわなくてはなりません。共著者が学会発表をしてもよいといってくれなければ学会発表はできません。

5. 要旨投稿のしめきり日と時刻を確認しよう！

要旨は、しめきり日の決まった時刻までに投稿しましょう。全国大会の場合はインターネットで投稿しますが、しめきり当日はひどく混みあって投稿がうまくいかないことがあります。演題募集が延長されることもときどきありますが、されないこともあります。時間の余裕をもって要旨を書いて添削してもらい、なるべく早めに投稿しましょう。

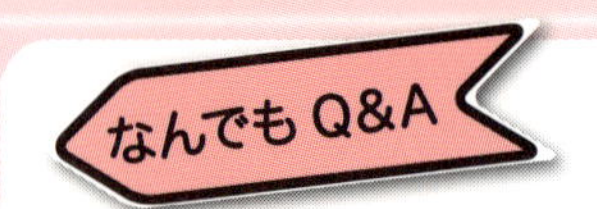

SPECIAL EDITION

Q なぜラボの当番をしなければならないの？

A メンバーの義務だからです。

研究室（ラボ）では採水、溶媒の運搬、器具の洗浄、掃除、液体窒素の補充などの共通の仕事を、分担して行います。共通の試薬や培地の調製、チップ詰めなども分担することがあり、その試薬の組成を間違えてしまうと、研究室全員の実験が失敗します。

研究室は家族のようなもの。自分一人で実験しているわけではありません。めんどうくさいと思うかもしれませんが、「研究室あっての自分」と考えて、研究室の当番はきっちりしましょう。

Q 土曜日や日曜日にも実験をしなければいけないの？

A しなくてもよいですが、しなければならないときもあります。

たいていの大学は土曜日と日曜日は休みなので、実験をしません。しかし場合によっては、土日に研究室へきて実験をしなければならないときがあります。たとえば動物細胞の培地交換も、タイミングを逃すと生えすぎて細胞が死んでしまいます。大腸菌の培養はどうしても一晩かかるので、日曜日に接種すれば時間の節約になります。

外国の大学では土日が休みです。外国ではプライベートの生活を大切にしますが、実験の必要があれば土日でも大学院生は大学にきて、ふつうに実験をしています。大学院ともなれば実験の予定を一人で組めるようになりますから、土日を避けるように実験プランを立てられるようになります。それでも必要なときは自分で判断します。ただし、火の元、事故、ケガには注意しましょう。

3章

要旨を書いてみよう

どの学会で発表するかが決まったら、要旨を書いて投稿します。要旨は自分の研究のまとめで、他人に伝えるためのものです。自分のアイディアや研究内容を論理的に書いて要旨を完成させましょう。きちんと要旨が書けたら、学会発表の峠は越えたも同然です。

実行難易度　Lv.1

09. まず下書きを書いてみよう！

あとで基本構成にはめこもう

1. いいたいことを箇条書きしよう！

ポスターでも口頭発表でも 400 ～ 800 字の要旨を書きます＊1。要旨では**基本構成**（序論、方法、結果、考察：表 2）にしたがいながら、推論の過程に沿って実験データから結論を導きます。最初から基本構成に沿って書くのはムリなので、内容や順番にこだわらずに、いいたいことをすべて**箇条書き**にしてみましょう。それから、次の**2**から**4**のように、学会の**要旨作成要領**に指定された形式＊2 に合わせていきましょう。

＊1　まずは、学会発表の要旨集に載っている要旨をサンプルとして読んでみましょう。

＊2　要旨の長さや各項目の書き方の説明が書いてあります。最終的に形式に収まれば OK。

2. 方法と結果を書こう！

方法がいちばん書きやすい項目です。実験で使った材料とおもな手法に関する箇条書きを 2 ～ 3 文にまとめましょう。**結果**では実験データについての箇条書きを整理して 3 ～ 4 文にまとめましょう。「○○の方法で△△であることがわかった」などと書きます。実験結果の羅列にならないように、「なぜ実験をしているのか」わかるようにしましょう。実験データを整理しながら（➡項目 13 参照）、要旨を書いていってもかまいません。

3. 結果にあわせて序論(背景と目的)を書こう！＊3

あなたの研究を知らない読者に、同じ土俵に立ってもらうお膳立ての部分です。2 ～ 3 文で「何がわからないから研究をしたか」を説明しましょう。「何について研究したか」「どこまでわかっているのか」「研究はどこに位置づけられるのか」など、背景と目的がわかるように書きましょう。最初の箇条書きで足りない文章があれば追加します。

＊3　序論が書きにくいときは、考察を先に書いてもかまいません。

4. 結果にあわせて考察を書こう！

箇条書きをまとめて、2 ～ 3 文で「実験結果がどのようにおもし

表 2　要旨の基本構成（めやす）

項目	内容	長さ（めやす）	時制
序論（背景と目的）	研究の背景や目的、研究の問い	2～3文	現在形
方法	材料、研究デザイン、おもな方法	2～3文	過去形
結果	実験の結果	3～4文	過去形
考察（結論を含む）	研究のまとめと結論、意義や応用の可能性	2文	現在形
全体		400～800字	

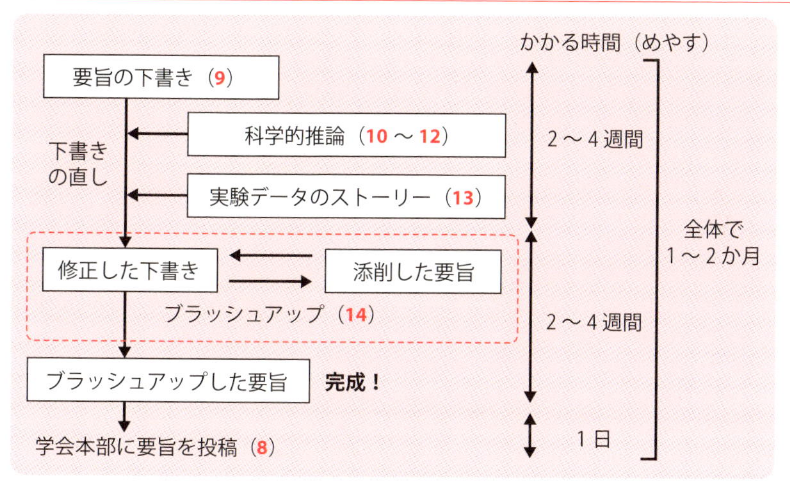

図 2　要旨を完成させるまで
（　）内は対応する本文の項目番号です。

ろいのか」を書きましょう。「おそらく～であろう」「～と思われる」は避けて、「～と示唆される[*4]」などと書きます。**結論**として「研究で何がわかったのか」を1文で書き、序論で示した問いと対応するようにしましょう。たとえば序論で「Aについて検討した」と書いたら、結論で「Aについてどうだったか」と答えを書きます。これで**要旨の下書き**が完成です。

＊4　「思う」は主観的ですが、「示唆される」「推測される」「考えられる」は客観的な書き方に適しています。

5. 科学的推論にしたがって下書きを直そう！

できあがった要旨の下書きは、**科学的推論**になっているかどうか確認して直していきます（➡項目10～12参照）。さらに、実験データから作成した研究の**ストーリー**（➡項目13参照）とつきあわせて、下書きの内容を修正します。これらのステップの確認で下書きの直しが終わり、この原稿を**ブラッシュアップ**すれば（➡項目14参照）、要旨が完成します。

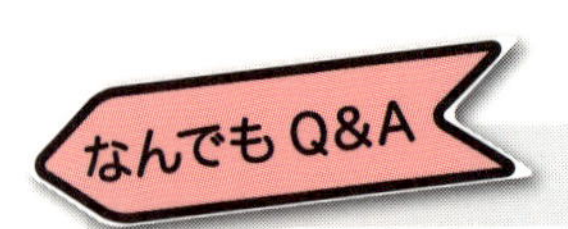

Q なぜ要旨を書くのにそんなに時間をかけなければいけないの？

A 発表原稿の作成に役立つことと、あとあとまで残るためです。

学会の発表原稿も**パラグラフ構造**＊5で書きます。ですから、要旨ができれば学会発表の骨組みは完成します。まだ実感できないかもしれませんが、しっかりした要旨であれば、それをもとにして発表原稿はカンタンに作成できます。ケーキにたとえれば、土台のスポンジケーキ（要旨）にデコレーションのクリームやトッピング（表やグラフ）を加えれば、美味しいケーキ（発表原稿）のできあがりです（78ページの模式図参照）。

学会発表の要旨は学会の**要旨集**や機関誌に掲載されるか、**学会ホームページ**でPDFファイルとして公開されます。卒業論文、修士論文、博士論文の要旨も多くの人の目にふれます。どの場合でも、魅力的な要旨を書くために十分な時間をかけるだけの価値があります。先生に添削してもらって、しっかり要旨を**ブラッシュアップ**しましょう。

＊5　論理的な文章を書くための形式のこと。パラグラフとは最初の文（トピック・センテンス）、それを補強する具体的な例や根拠の文から構成されます。いくつかのパラグラフで原稿全体を構成します。

ステップアップ　チェックリスト

□ 自分の研究の**セールスポイント**（What's new と研究の意義）を頭の中で整理してから要旨を書きましょう。

□ 要旨を書いたら自分で読み直して、内容のつじつまがあっているか確認しましょう。

謎ときのしかた
（科学的推論と仮説の検証の例）

「ホルモン **A** により現象 **B** が起こる」という観察事実に対して、「なぜホルモン **A** により現象 **B** が起こるのか？」というテーマ（研究の問い）を考えてみましょう。まず、次の仮説を考えてみました。

仮説 1　未知の受容体 X が存在している。
主張：ホルモン **A** は受容体 **X** に結合して現象 **B** が起こる。

仮説 1 の検証方法

実験をして、①（**A** → **X**）と②（**X** → **B**）となる受容体 **X** を発見する。

解釈と次の一手

受容体 **X** が見つかれば主張どおりの結論になります。もし見つからなかったら見つかるまで探すか、新たな仮説を考えます。

●

受容体 **X** がなかなか見つからないので、論文を調べ直したところ、「タンパク質 **C** により現象 **B** が起こる」ことが報告されていることがわかりました。そこで仮説 2 を考えました。

仮説 2　未知の受容体 Y が存在している。
主張：ホルモン **A** は受容体 **Y** に結合し、タンパク質 **C** を介して現象 **B** が起こる。

A ③ ⋯⋯→ Y ④ ⋯⋯→ C ——→ B

仮説 2 の検証方法

実験をして、③（**A** → **Y**）と④（**Y** → **C**）となる受容体 **Y** を発見する。

解釈と次の一手

ともに証明されれば主張は正しい。もし **Y** が見つからなかったら見つかるまで探すか、新たな仮説を考えましょう。実際の研究テーマの場合はもっと複雑です。

実行難易度　Lv.2

10. 科学的推論で要旨を直そう！

三つのステップで確認しよう

科学的推論と実験のストーリーの観点から、要旨の下書きを修正していきましょう。

1. どんな疑問をもったの？

研究は「**なぜ？**」と疑問をもつことから始まります。そして、その疑問を解決したいからこそ研究をします。ですから「何のために研究をしているのか」、目的をもって進めているはずです。**要旨**の下書きに、「何を証明するために研究をしたのか」「どのような疑問を解決したいために研究をしたのか」が書いてあるか確認しましょう。

2. 実験結果から何がわかったの？

「なぜ研究をしたのか？」の答えが研究の**結論**（**主張**）です。新しく見つけた実験結果から科学的推論をして導いた考えや意見が、もっともいいたい結論で、これを短くしたものが**タイトル**になります。もし学会発表で結論がなければ、何をいいたいのかわからず、オチのない落語になってしまいます。要旨に、「何を研究してどうなったか」と結論が書いてあるか確認しましょう

3. 科学的な論証（推論）とは？

論理的（科学的）に主張するやり方を**論証**または**推論**[*1]といいます。推論では**結論**（**主張**）を、それを支持する**科学的根拠**（**実験データ**）[*2]といっしょに示します。「実験データからなぜ結論がいえるのか？」を導く理由が**論拠**（**仮説**）[*3]です。実験データ、仮説、主張の三つがそろって推論となり、科学的な証明をすることができます。典型的な推論のパターンは、「◯と仮定すれば、□のデータから△と結論できる」、あるいは「□のデータがあるから△である。なぜなら◯であるから」です。

＊1　自然科学では、観察や実験の結果に基づいた証明（帰納法）がよく使われます。

＊2　科学的根拠は実験データのことで、理由に相当します。教科書や論文に書かれた実験結果と、自分で得た実験データの二つがあります。

＊3　論拠は自分で考えた仮定や前提なので、実験的な事実ではありません。

4. 要旨の推論には三つの要素を入れよう！

科学的推論では、三つの要素（**実験データ**＝科学的根拠、**仮説**＝論拠、**主張**＝結論）のうち、一つでも欠ければ論理的でなくなります[*4]。実験データと結論だけ示して安心してしまう人も多いですが、仮説は常識だからといって省略はできません[*5]。要旨では必ず「□（実験データ）であるから△である（主張）。なぜなら○であるから（仮説）」のパターンをつくりましょう。個々の実験データから結論を導くパターンをくりかえし、個々の結論を積み重ねて、研究発表全体としての主張とします。

科学的推論となるように、項目 11 〜 13 からの三つのステップで要旨の下書きを直していきましょう。

＊4　実験データだけだと単なる「羅列」、仮説だけだと「妄想」、主張だけだといいたい放題の「暴言」になってしまいます。

＊5　「なぜ？」とつっこまれます。

ステップアップ　チェックリスト

- □ 論理的に考えることは科学の基本です。「論理的＝科学的」と考えましょう。
- □ 論理的な推論をする力を**科学的思考力**ともいいます。少しずつ身につけていきましょう。
- □ 科学的推論についての本〔たとえば、山本昭生『論理的に話す技術―相手にわかりやすく説明する極意』SB クリエイティブ（2010）〕を読んでみましょう。

実行難易度　Lv.1

11. ステップ❶ 科学的根拠を示そう！

理由があるから主張ができる

1. 主張するためには科学的根拠が必要

納得できる理由がなかったら、他人に自分のアイディアを信じてもらえません。科学的に何かを主張するためには、正確で再現性の高い**科学的根拠**が必要です。アイディアを裏づける科学的根拠を得るために、私たちは実験をして、データを出します。実験技術を磨いて、誰にでも受け入れてもらえる方法で、多くの人に理解してもらえる、たしかな実験データを出しましょう。

2. 科学的根拠は実験データと文献報告の二つ

科学的根拠は、**実験**や**観察**で裏づけられた事実[*1]のみです。つまり、自分が出した実験データと他人が報告した論文の実験結果の二つです。実験結果には仮定が含まれていないので、実験的事実といえます。適切な方法で、再現性があり信用できるデータを出しましょう。また他人の実験結果（先行研究）は仮説を立てるときの**裏づけ**になるので、要旨の序論や考察で引用しましょう。

＊1　科学的に妥当な方法を使った、正確で再現性のある結果が実験的根拠（実験で得られた証拠）となります。

3. 科学的根拠は実験データに基づく

科学的な裏づけのある根拠は、実験データに基づきます。３回同じ結果を得ることはとても大切です。また他人の論文に書いてあるとおりに実験をすれば、同様な結果を得ることができるはずです。このように**追試**をして検証することが可能ですから、実験結果の**再現性**が確認できます[*2]。要旨に再現性の低いデータが含まれていないか、確認しましょう。

＊2　条件の違いに影響されることがあり、たとえば同じサンプルを別の日に電気泳動をしたら微妙に違います。

4. 実験データは信頼性がすべて

ときどき複数の研究グループでまったく逆の実験結果が得られて、結論が出ないこともあります。また正しい実験データであっても、観点の違いにより結果の**解釈**[*3]が異なることがあるので、

＊3　図表を見て、どのような意味かを判断すること。たとえば「〜だから、活性が上がった」のとき、「〜だから」の部分を考えることです。

ある日のアツキ研究室

科学的でない推論って？

木持くん（キ）：科学的でない推論ってあるんですか？

熱木先生（ア）：あるよ。たとえば天動説がいい例だね。

キ：ガリレオ・ガリレイの地動説に反対する考えですね。

ア：「空の太陽が動いている」のは、みんなが見ている事実だよね。

キ：ところが、キリスト教の異端裁判官[＊4]は「地球の周りを太陽が動いている」と考えたんですよね。

ア：異端裁判官は「地球が宇宙の中心である」と仮定している。これが仮説だよ。

キ：ボクなら「地球が中心であることは誰が決めたのか？」とツッコミたくなりますね。

ア：異端裁判官の答えは「天地を創造した神である」なんだ。ところで木持くん、自然科学で大事な点は何だと思う？

キ：正確さと再現性。そして、いつでも誰でも検証できることです。

ア：そのとおり。木持くんは、神の天地創造を再現できるかな？

キ：絶対ムリです。

ア：もちろんそうだね。「神が天地を創造した」という仮定が検証できない以上、自然科学では議論の対象とならないよ。つまり「科学的でない」んだ。

キ：ふーん、そういうことなんだ。

ア：数学の**「公理」**も仮定だよ。数学では観察や実験のデータを使わなくてもよいから、検証不要な仮定である「公理」をもとにして結論を導いていくんだ。数式の正しさは検証できるから、論理的だよ。

キ：よくわかりました。

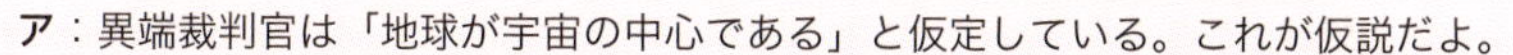

＊4　異端審問官とも。17 世紀はじめに、ローマの異端審問所で地動説についての裁判が行われた。

素直に解釈するようにしましょう。要旨中に強引な解釈や推論が含まれていないか、確認しましょう。

実行難易度　Lv.2

12. ステップ❷ 自分のアイディアを示そう！

仮説がなければ主張じゃない

1. 論拠は仮説

論拠とは、「なぜ実験データから主張できるのか？」を説明する理由のことをいいます。実験データから結論を導くアイディアですから、論拠は**仮説**です。事実ではないので、論拠は間違っていることがあります。同じ実験データを見ても、答えは一つしかないようなデータ（検量線など）でないかぎり、**解釈**は個人個人で異なるため、同じ仮説を思いつくとはかぎりません＊1。

＊1　空の太陽を見ても、天動説と地動説があります。

2. 主張するためには仮説が必要

研究では、先行する研究結果（多くは間接的な証拠）を参考にして、実験データと主張をつなぐ仮説を考えます。当たり前に思うこと（常識）も**暗黙の仮定**＊2として仮説に含まれます。仮説を検証して、もし間違っていたら結論がひっくり返ります。裏づけ実験を行って仮説を検証し、実験結果にあわせて修正していくので、**作業仮説**（working hypothesis）と呼ぶこともあります。

＊2　こうに違いないと思う「先入観」も暗黙の仮定です。コロンブスのように先入観を捨てると、卵も立ちます。

3. 仮説には大きな飛躍があってはダメ

仮説には**考えの飛躍**＊3が含まれますが、小さな飛躍であれば多くの人に受け入れてもらえます。だから飛躍の少ない、無理のない仮説に基づく主張には説得力があります。大きな飛躍がある場合には「なぜそんなことまでいえるのか？」と反論され、納得してもらえません。仮説は主張の理由となるので、要旨では仮説の裏づけとなる先行研究と大事な実験データをきちんと説明しましょう。

＊3　新しい発見には、必ず考えの飛躍が含まれます。そのおかげで、科学が進歩してきました。

4. 図を見ながら仮説を考えよう！

データの図を眺めているだけでは結論につながりません。**3段階で図の意味を考えましょう**（図3）。こじつけた解釈では破綻（はたん）するので、実験データは謙虚に受け止めて素直に解釈することが大切です。要旨中の実験データから無理なく結論が導かれる仮説であるか、たしかめましょう。

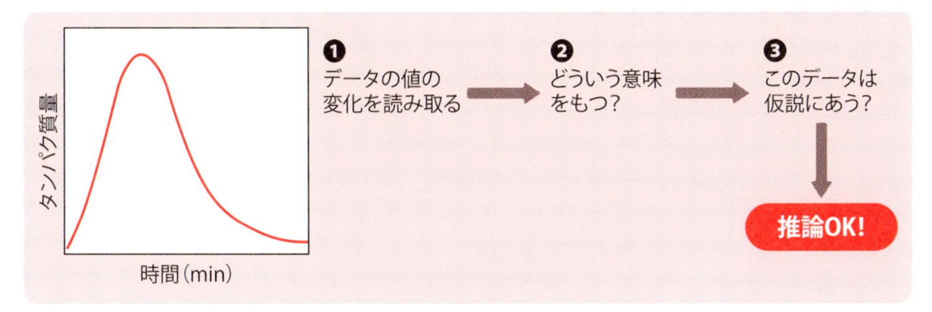

図3　3段階で図の意味を考える方法

5. 反例を考えてみよう!

仮説が正しいかどうかは未知なので、実験データで判断します。たとえば**定説**[＊4]も、反例や例外を見つければ崩れることがあります。「もし～だったらどうなる?」という質問に答えて**反証**できれば、逆に仮説が補強されます。自分で反例を考えてみて、要旨に書いてある仮説の正しさをたしかめましょう。

＊4　「定説」は仮説の一つですが、正しいとはかぎりません。ニュートン力学を飛躍の少ない仮説を使った推論で破ったのが、アインシュタインの相対性理論です。

ステップアップ　チェックリスト

- □ 常識、暗黙の仮定、前提条件、定説は省略せずに、必ず説明しましょう。
- □ 科学では100%正しいということはありません。どの条件下なら正しいのか考えてみましょう。
- □ 「仮説は絶対間違いない」という強い思い込みから、実験データを無理やり仮説にあわせることはやめましょう。

ある日のアツキ研究室

ダイナマイトと狭心症の関係は？

瀬羽くん（セ）：論文に載っているキーワードをインターネットで検索したんですけど、なかなか意味がつながらないんです。

熱木先生（ア）：どんなキーワードかな？

セ：「ダイナマイト」と「狭心症」です。ノーベルが発明したダイナマイトの成分が爆発性のニトログリセリンで、狭心症は心臓の動脈が収縮して胸が痛む病気というところまで調べました。ですけど、ダイナマイトと狭心症がつながりません。

ア：生物や病気は複雑だから、インターネットで調べただけでは断片的でわからないこともあるよ。辞書だけ調べても、考え方が理解できないのと同じだね。だから、教科書や参考書を読んでいくつかのキーワードや知識をつなげて、役に立つ**生きた知識**にするんだ。

セ：どうしたらいいんですか？

ア：薬理学の教科書を読んでごらん。「ニトログリセリンから一酸化窒素ができること」と「一酸化窒素が血管を広げること」が載ってるよ。だから、ニトログリセリン舌下錠は狭心症の痛みを取ることができるんだ。一酸化窒素の血管拡張作用は1998年のノーベル医学生理学賞の対象になっている。ノーベル自身は狭心症をもっていたそうだから、もしノーベルが生きていたら感慨深かったことだろうね。

セ：へえ、そうなんだ。読んでみます！

無理のない仮説とは？

無理のない科学的推論は、飛躍が少ないアイディア（仮説）の上に成り立っています。一見もっともらしくても、おかしな仮説はよく見かけます。とくに自分の実験データへの思い入れが強いと、冷静に仮説のよしあしを判断できないことがあります。

◆因果関係が強い仮説

「春になって暖かくなると、サクラが咲く」

◆ある程度の因果関係のある仮説

「雨が降ると、サクラが散る」

反論 満開のサクラの場合はサクラが散るが、咲きはじめのときには散りません。

◆飛躍のある仮説

「サクラが咲くと、入院患者が増える」

反論 サクラが咲く前後の入院患者数の統計データがないと判断できません。

◆飛躍のある仮説

「世の中に　たえて桜のなかりせば　春の心はのどけからまし」（在原業平）

反論 サクラがあるために春がのどかでないのはなぜかわかりません。

◆無関係な仮説

「サクラが咲くと、学校が始まる」

反論 サクラが満開になるのにあわせて、学校が始まるわけではありません。

実行難易度　Lv.2

13. ステップ❸ 推論にしたがったストーリーを考えよう！

データを並べかえてみよう

1. すべてのデータを集めよう！

要旨を書くとき[*1]は、実験ノートをもってきてすべてのデータを見直しましょう。大事な結果については付箋をつけます。実験操作を間違えたりして明らかに失敗したデータはのぞきます。結論が出せないデータは保留にします。**ネガティブデータ**はある可能性を除外できるので、これにも付箋をつけましょう。データを集めて、以下のような順番で研究内容を要約していきます。

＊1　要旨の下書きをする前でも、途中でもかまいません。やりやすい方法でデータ整理と要旨下書きを進めてください。

2. 実験の種類ごとにデータを整理しよう！

つぎに、証明する項目ごとにデータを分類していきます。データごとの日付、ファイル名、実験内容、実験方法などを書いた**実験データ一覧**[*2]をつくっていくと、整理がはかどります。実験結果の欄をつくり、「○（成功）」、「△（いまひとつ）」「？（再確認が必要）」など、自分でわかるように備考欄に書きこみます。

＊2　エクセルの表を利用して作成します。

3. 大事なデータを選ぼう！

実験データ一覧を見ながら、重複するデータや重要度が高いデータを確認します。そして研究発表に使えそうなデータに印をつけていきましょう。ポスター[*3]ならば、だいたい7～10個の図表しか示すことができません。ただし、いきなりしぼることはできないので、学会発表や論文に出せそうなデータを選んでいきましょう（多くても20～30個まで）。

＊3　ふつうA0サイズ（841 mm×1189 mm）の紙に印刷します。

4. 話の筋が通るように並べよう！

実験データ一覧で選んだデータをスライドとして並べてみます。パワーポイントを使うと便利ですが、紙を並べてもかまいません。**話の筋（ストーリー）**[*4]が通るように並べかえます。「もし～だったらどうなる」と考えてみて、データの結果どうしが食い

＊4　研究の「問い」から「答え」に導く推論の流れ。アウトラインということもあります。

1. 実験ノートを見直す

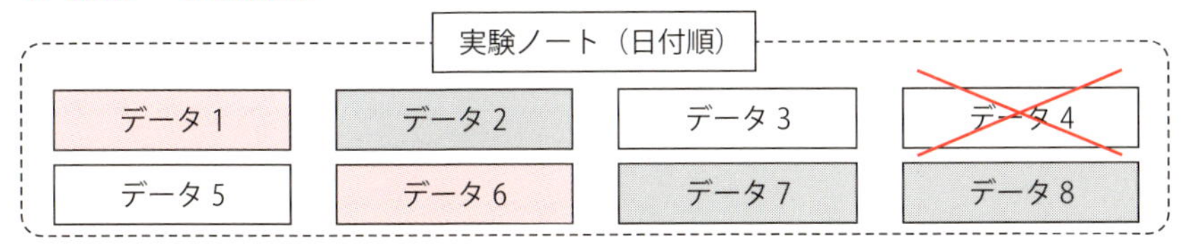

2. 実験の種類ごとにデータを整理（一覧表の作成）

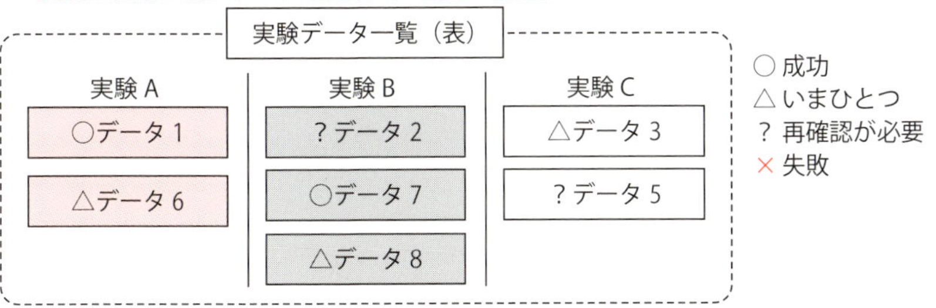

3. 大事なデータを選ぶ（一覧表から抜粋）

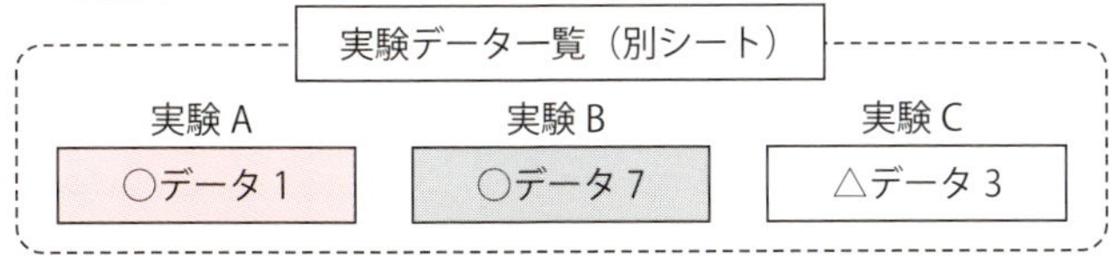

4. 話の筋が通るように並べる（ストーリーファイルの作成）

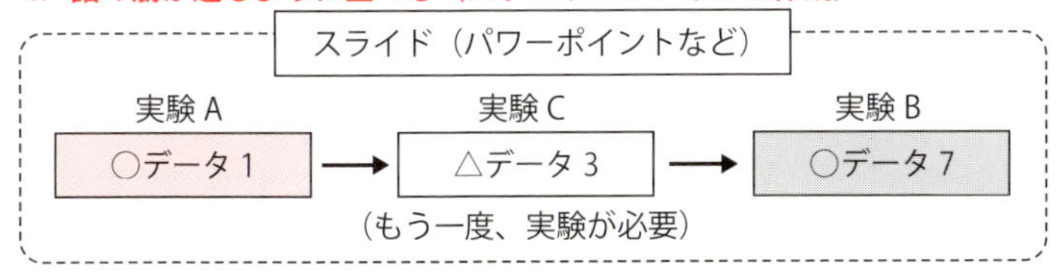

図3　実験データを整理して並べて、実験のストーリーをつくろう！

違ったり、矛盾していないか確認します。この**ストーリーファイル**はあとでも修正できる（➡項目16参照）ので、ざっと並べましょう。これで自分のいいたいことがストーリーになります[*5]。

＊5　実験データを整理してストーリーファイルをつくるステップは、要旨の下書きをする前に行っても、下書きをしながら行ってもかまいません。

5. ストーリーにしたがって要旨を修正しよう！

できあがったストーリーを、要旨の下書き（結果の部分）とつきあわせてみます。要旨のデータ順はストーリーのデータ順と同じになるはずです。もし食い違う場合には、要旨の結果の文章を直しましょう。

ある日のアツキ研究室

頭の中を整理してから報告しよう！

マイクくん（マ）：実験Ａでは仮説どおりの結果で、実験Ｂでは逆の結果デス。実験Ｃでは仮説どおり、実験Ｄではまた逆の結果デス。

我賀くん（ガ）：それは実験をした順番どおりかな？

マ：そうデス。

ガ：試行錯誤して苦労したことはわかったけど、結論がわからないなあ。結果ごとにまとめて説明してくれないかな。

マ：実験ＡとＣでは仮説どおりの結果デス。実験ＢとＤでは反対の結果デス。

ガ：2対2の結果か。これだと、キミの仮説が正しいかどうか判断できないよ。つぎはどんな実験をするの？

マ：ウーン（沈黙）。

熱木先生（ア）：実験条件に問題があるんじゃないかな。実験ノートを見ながら、条件に問題がないかどうか確認してみたらいいよ。そのあとに自分の仮説を検証してはどうかな。

ガ：研究報告の前に結果を整理して、つぎは何をすべきか考えてから、報告したほうがいいよ。

ア：データ整理は学会発表のときにも大切なことだよ。

マ：ハイ。わかりました。

ステップアップ　チェックリスト

- □ 実験データごとに結論を出し、いくつかの結論を集めて全体の結論を出すことを意識しましょう。
- □ 要旨を書いていると足りないデータや、結果が判断できないデータが見えてきます。そのときは追加実験をしましょう。

これが主張？

学会発表では実験データ（科学的根拠）をもとに、自分のアイディア（仮説）にしたがって結論を導いて主張します。そのためには、実験データ、仮説、主張の三つがそろうことが必須です。自分では不備に気がつかないことも多いです。

◆ **正しい推論**

「サクラは気温の上昇を感知するので、春になって暖かくなるとサクラが咲く」

◆ **データのみ**

「サクラが満開になった」

反論 だからどうしたの？

◆ **主張のみ**

「サクラの開花には地球温暖化が影響している」

反論 その根拠は？

◆ **原因と結果の取り違え**

「サクラが咲いたので、暖かくなった」

反論 暖かくなったから、サクラが咲いたのでは？

◆ **飛躍のある仮説に基づく推論**

「サクラが咲くころは昼でも眠いので、交通事故が増える」

反論 春先の昼は誰でも眠いというデータはありますか？

◆ **強引な推論（こじつけ、詭弁）**

「サクラが満開になったので、桜餅がおいしい」

反論 もとから桜餅はきらいです。

◆ **論点のすりかえ**

「サクラが咲くことを議論すること自体が間違っている」

反論 なぜ間違っているのか説明してください。

◆ **感情表現**

「満開のサクラがきれいだ」

反論「きれい」を科学的に定義してください。

実行難易度　Lv.3

14. 要旨をブラッシュアップしよう！

発表成功への近道

1. 原稿は書いてからが勝負

学生実習のレポートのように書きっぱなしはダメです。**要旨の下書き**[*1]は添削と推敲を重ねて、表現と内容を改善して完成版をつくります。これを**ブラッシュアップ**といい、とても大切なステップです。まず書きあがった下書き原稿を読んでみて、日本語として文の意味が通るかをたしかめましょう。読んで意味が理解できなければダメです。そのあと先生に**添削**[*2]してもらい、ブラッシュアップを開始しましょう。

＊1　卒業論文・修士論文の要旨や、ポスター・スライドの発表原稿もブラッシュアップします。

＊2　原稿のブラッシュアップが、要旨やポスター作成の一番よい練習になります。

2. ファイル名には日付、名前、バージョンを入れよう！

要旨の下書きは何度も添削と推敲をくりかえします。古い原稿と最新の原稿が区別できるように、作成した日付、名前、バージョン（v、ver）を入れた**ファイル名**[*3]にしましょう。最新ファイルを間違って削除することがなくなります。先生と原稿をやりとりするごとに、日付とバージョンの数字を増やしていきましょう[*4]。古いバージョンを提出してしまうミスもなくなります。

＊3　例：20170216_卒業論文_此道_v1.docx

＊4　一度にたくさんの要旨が先生に集中しても大丈夫です。

3. 変更履歴とコメントを使おう！

要旨は、ワープロソフトの「変更履歴」と「コメント付加」の機能を利用して推敲と添削をするのが便利です。先生が直した部分を確認し、それを「反映」させます。先生のつけたコメントについては、文献で調べたりして確認して修正します。ポスター・ス

ステップアップ　チェックリスト

- □ 原稿ファイルはこまめにセーブして、フラッシュ（USB）メモリーや外部メモリーにバックアップしましょう。
- □ メールで先生に原稿を送る場合、ファイルの添付忘れに注意しましょう。

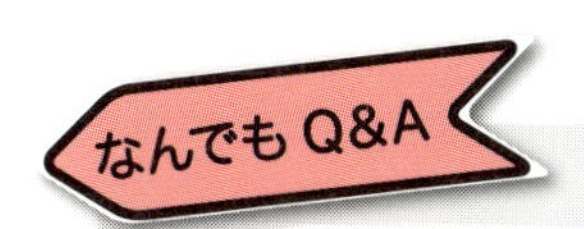

Q なぜ自然科学では推論が必要なの？

A 新発見をするためと、よりよい結論に導くためです。

学会発表では、実験データに基づいて論証をして論理的に主張する**帰納法**を使います。実験データと主張（結論）を結びつけるのが仮説ですが、仮説には考えの飛躍が含まれるため、新しい科学の発見が必ず生まれます。発表者は推論（論証）による筋のとおった意見を発表します。

一方、質疑応答では質問者が研究内容や主張に反論し、発表者は研究の裏づけとなる先行研究や実験データを示して反証します。質疑応答の過程は客観的かつ論理的な議論であり、その結果、発表内容は仮説の矛盾がなく、より完成度の高い結論に導かれていきます。

ライドを先生に直してもらうときは、パワーポイントから印刷した紙に直接、書きこんでもらいましょう＊5。

＊5　ファイル上で、吹き出しにコメントを書いて添削することも。

4. 添削のポイントは四つ

要旨の原稿は**誤字、体裁、科学的表現、科学的内容**の４点をチェックします。誤字・脱字と体裁については、先生に見せる前に自分で直しましょう＊6。とくに文字フォントや文献の引用のしかた（形式）についてはよく確認しましょう。科学的表現は決まった形が多いので、なれていくようにしましょう。先生は科学的内容や研究のストーリーについて、くわしく見てくれます。考察で大胆に推測したり、大幅に一般化することは避けましょう＊7。

＊6　MS Word などのソフトについている文章校正機能で、誤字・脱字が発見できます。ただし最後は自分の目でチェックしましょう。

＊7　淡々と書くとつまらなくなり、飛躍しすぎると誇大広告になるので、バランスをチェックしてもらいましょう。

5. 添削には時間の余裕をもって

要旨の下書きは、先生の添削で真っ赤になるのがふつうです。何回か原稿をやりとりしてブラッシュアップするので、２～４週間はかかります。先生の添削を受けて自分で推敲をくりかえさないと原稿の完成度が上がらず、よい要旨になりません。先生は忙しいので、時間の余裕をもって添削をお願いしましょう。

Pick Up column 要旨のブラッシュアップのしかた

此道さんの要旨の原稿を熱木先生が添削した例です。先生のコメントに対して、此道さんは論文を調べて原稿を修正しました。途中でパソコンが突然故障（クラッシュ）しましたが、熱木先生が保存していた改訂稿（v４）が残っていたので、なんとか要旨を完成できました。ポスターなどの原稿も同じようにブラッシュアップします。

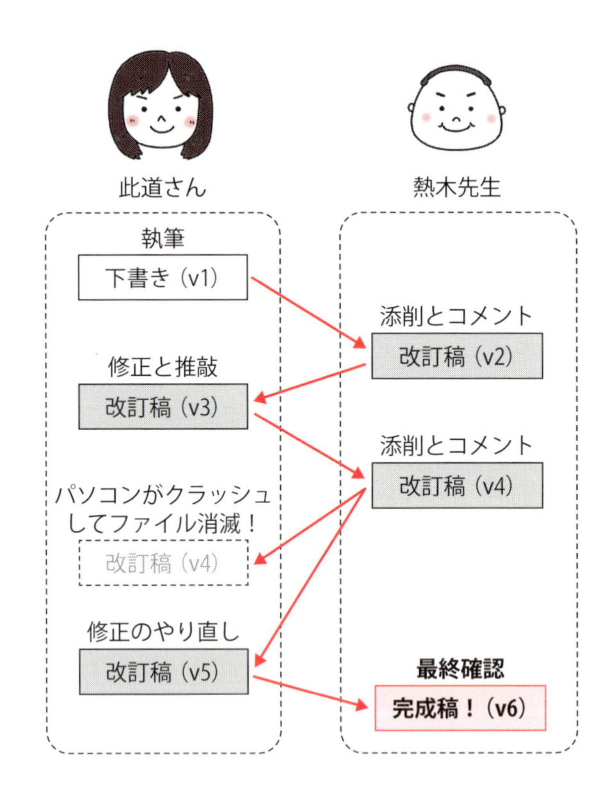

4章

発表の準備をしよう

要旨が採択されたら、あとは発表です。学会発表は自分の研究の価値を多くの人に理解してもらう絶好の機会。要旨にしたがって研究の目的と結論をはっきり示し、わかりやすく説明できるように準備しましょう。

実行難易度　Lv.1

15. 研究の目的をはっきりさせよう！

何を説明したい？

1. 要旨集などの「発表者への注意」を読もう！

発表は他人に評価してもらうことが前提なので、**一定の作法**[*1]にしたがう必要があります。これは「研究の目的に始まり、結果を示し、考察して結論を示す」ことを意味します。発表形式（表3を参照）には**ポスター発表**とスライドを使って説明する**口頭発表**の二つがあります。発表前に、学会ホームページやプログラム集に書いてある**発表者への注意**の内容をよく読んでみましょう。

＊1　発表でも論文でも、自然科学のすべてに共通します。他人の批判を受け、評価してもらうためのきまりです。

2. 目的を1文にまとめてみよう！

要旨にしたがって、発表の準備をしましょう。序論ではなぜ研究をしたか、**背景**と**目的**を説明します。研究の背景、つまり「何について研究したか」「対象はどのようなものか」「どこまでわかっているか」「自分の研究はどこに位置しているか」を短くわかりやすく説明します。そして「何がわからないから研究を行ったのか」目的を書きます。「目的」とはつまり、研究の「問い」ですので、1文でいえるようにしておきましょう[*2]。

＊2　長い文章は、聴衆に理解できません。耳で聞いて理解してもらうには簡潔な説明が大切です。

3. 実験結果を示す「順番」に気を配ろう！

実験データは**実験的根拠**ですので、とても大切です。パネル・スライドごとに実験結果を説明して、1枚ずつ結論を理解できるようにします。パネル・スライドの順番[*3]がバラバラだと聴衆は話の筋（**ストーリー**）がわかりません。研究目的から結論につながるように順番をしっかり考えて、パネル・スライドを並べましょう。

＊3　パネルは一つの実験結果を示すだけなので、順番に並べることではじめて意味をもちます。

4. 「一番大事なところ」＝「セールスポイント」

苦労してやってきた研究で一番大事なところが発表全体のまとめ（結論）になるはずです。結論にはWhat's newがあり、研究の

表 3　ポスター発表と口頭発表（10 分間発表）の構成例

	ポスター発表（Poster presentation）	口頭発表（Oral presentation）
構成単位	パネル	スライド
1．タイトル（表題）：番号、タイトル、著者名、所属	1 枚（横長、最上部）	1 枚
2．要旨	1 枚（プログラム集と同じ内容）	なし（不要）
3．背景と目的（序論）	1 〜 2 枚	1 枚
4．方法：おもだった方法の概略	1 〜 2 枚	0 〜 1 枚
5．結果：図表データ	7 〜 10 枚	7 〜 8 枚
6．考察と結論：箇条書きにしたまとめ。模式図、反応式などを含む	1 〜 2 枚	1 〜 2 枚
総数	12 〜 15 枚（タイトルを除く）	11 〜 12 枚

※大判（A 0 サイズ）ポスターを A 4 サイズのパネルでつくる例です。項目 16 のポスター構成の図（46 ページ）も参照してください。

セールスポイントとなります。結論は、研究目的に対する「答え」になっていますか？　研究がどのように発展・応用していくかについても説明できれば、研究の意義をさらに深く理解してもらえるでしょう。

ステップアップ　チェックリスト

- □ 客観的に他人に評価してもらう学会発表は、主観的に自分の意見をいいっぱなしのブログやツイッターとまったく違うことを理解しましょう。
- □ パネル・スライドごとの積み重ねが、研究全体の結論となることを意識しましょう。

実行難易度　Lv.2

16. 発表用のポスター・スライドをつくろう！

要旨とストーリーファイルにそってつくろう

1. 出せるデータ数には制限がある

ポスターもスライドも、パワーポイントなどの**スライド作成ソフトウェア**を使い、学会ホームページなどの**「発表者への注意」**にある指示にしたがって作成します。この本では、A４サイズの**パネル**を基本にポスターをつくる方法を紹介します。パネル１枚は、口頭発表の**スライド**１枚に相当します。1枚のパネル・スライドには、まとまった一つの実験結果[＊1]を書きましょう。パネル・スライド数には制限があるので、大事なデータを選びます。

2. パネル・スライドにタイトルをつけよう！

要旨を書くときに実験データを並べた**ストーリーファイル**をつくりましたね（➡項目 13 参照）。**この順に**パネル・スライドを並べて、それぞれに結論を示す**タイトル**（**見出し**）[＊2]をつけましょう。「～による影響」「～による効果」などのタイトルだと、グラフから導かれる結論がわかりません。見る人が「結論は何か」を考えなくてもすむように、「△△が□□により増加する」「もう一例の▲▲」などと書きます[＊3]。

3. 見てすぐに意味がわかるグラフにしよう！

グラフはどのようなソフトで作成してもかまいませんが[＊4]、発表全体を通してグラフの体裁をそろえ、グラフのルールや意図が聴衆にはっきり伝わるようにしましょう。写真を示す場合も、明るさ調整やトリミングをして見やすく示しましょう。実験方法は、図表ごとに簡単に説明するか、結果を示す前に説明します。

4. 説明しやすくパネル・スライドの順番を調整！

提出した要旨にあわせて、背景・目的・結論[＊5]のパネル・スライドを追加したら、研究全体の**話の筋**（**ストーリー**）が通るかど

＊1　1個、場合によって数個のグラフまたは表になります。

＊2　パネルの冒頭（上部）に書きます。説明のときには、これがトピック・センテンスになります。

＊3　タイトルで説明が足りないときには、追加コメント（ただし短く！）を図表の下に書きましょう。

＊4　グラフはエクセルなどの表計算ソフトウェアで作成してからコピーできますが、棒、折れ線、点など細かな部分を直すのがたいへんです。一方、パワーポイントで直接、グラフを作成する（エクセルのグラフをトレースすれば、比較的簡単に作成できます）のは、時間はかかりますが細部の微調整が楽です。

＊5　模式図（スキーム）を入れるとわかりやすくなります。

郵便はがき

料金受取人払郵便

京都中央局
承認
3588

差出有効期限
2018年
8月31日
(切手不要)

600-8789

157

京都中央局私書箱第157号

化学同人
「愛読者カード」係 行

6008789157　　18

お名前　　生年（19　　年）

送付先ご住所 〒□□□-□□□□

勤務先または学校名
および所属・専門

E-メールアドレス

ご職業（○で囲んでください）	ご専攻
会社役員 会 社 員（研究職・技術職・事務職・営業職・販売／サービス） 学校教員（大学・高校・高専・中学校・小学校・専門学校） 学　生（大学院生・大学生・高校生・高専生・専門学校生） そ の 他（　　）	有機化学・物理化学・分析化学 無機化学・高分子化学 工業化学・生物科学・生活科学 栄養学 その他（　　）

▩ 愛読者カード ▩

ご購入有難うございます。本書ならびに小社への忌憚のないご意見・ご希望をお寄せ下さい。

購入書籍

★ 本書の購入の動機は ……………………… ※該当箇所に☑をつけてください

□ 店頭で見て（書店名 ）

□ 広告を見て（紙誌名 ）

□ 人に薦められて　□ 書評を見て（紙誌名 ）

□ DMや新刊案内を見て　□ その他（ ）

★ 月刊『化学』について ………………………

（□ 毎号・□ 時々）購読している　□ 名前は知っている　□ 全然知らない

・メールでの新刊案内を　□ 希望する　□ 希望しない

・図書目録の送付を　□ 希望する　□ 希望しない

本書に関するご意見・ご感想

今後の企画などへのご意見・ご希望

● 個人情報の利用目的

ご登録いただいた個人情報は、次のような目的で利用いたします。

・ご注文いただいた商品やサービス、情報などの提供。

・お客様への事務連絡、新刊案内などの各種案内、弊社及びお客様に有益と思われる企業・団体からの情報提供。

なんでもQ&A

Q 最初からA0サイズのポスターをつくってもいいですか？

A ポスターづくりに慣れてからにしましょう。

はじめての発表で、いきなり大きなサイズのポスターに直接、グラフを書きこんでいくのはお勧めしません。技術的にたいへんですし、修正に手間がかかります。一方、A4サイズのパネル単位でつくると、並べかえが楽なので研究のストーリーを組み立てやすく、番号順に見ていけばストーリーを追えるので、見る側にもメリットがあります。はじめのうちはA4サイズのパネルを1枚ずつ完成させてから、各パネルをA0サイズのポスターに貼りつけましょう。芸術の方面でも同じで、大きな絵画や彫刻をつくるには**構成力**が必要です。オーギュスト・ロダンも小さな習作をつくってから、大きな彫刻に挑んだそうです。

うか、もう一度、パネル・スライドの順番を確認しましょう。ファイル全体を見て、わかりやすい順番に調整します。重要度の低いデータや細かな話はバサッと省略しましょう。

5. ブラッシュアップしてポスター・スライドが完成！

文字**フォント**（とくにギリシア文字）、図表の体裁、色使いがバラバラだと、見た目が悪いだけでなく、示されている研究そのものも粗雑なのではないかという印象をもたれます。気配りを忘れないようにしましょう。文字は少し離れても十分に読める大きさにし[*6]、行間、左右そろえ、小数点そろえ（有効数字）も首尾一貫させましょう。そして要旨と同じように、発表原稿も**ブラッシュアップ**します（➡項目14参照）。これで**口頭発表のスライド**は完成です。**ポスター**は、個々のパネルをA0サイズのファイルに貼りつけ、タイトル・名前・所属を書けば完成です。

＊6　パネル1枚をA4サイズに印刷して、1mくらい離れたところから読めるくらいの文字の大きさにします。

ステップアップ　チェックリスト

- □ 聴衆はポスターの上→下、左→右の方向に見ていくことを意識しましょう。
- □ 見る人にとってわかりやすいことが一番です。発表者の解釈や主張をわかりやすく示しましょう。

Pick Up column

ポスターパネルとスライドの構成

一般的なポスターパネルとスライドの例です。１枚のパネル・スライドはふつうA４サイズでつくります。一つのまとまった実験データとそれから得られる結論を示します。

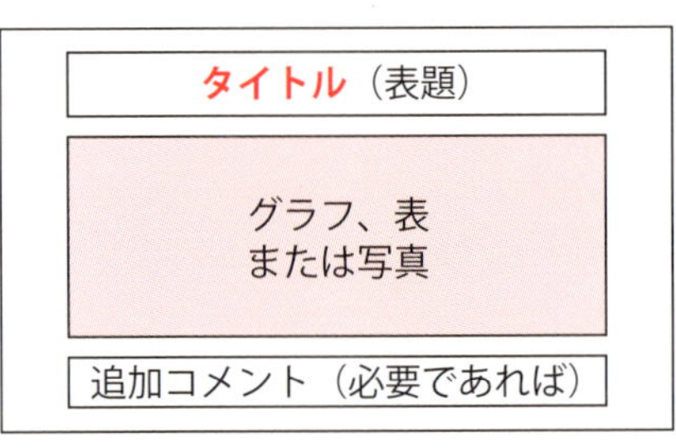

ポスター構成

A４サイズのパネルを基本単位としたポスター（A０サイズ１枚もの）の例です。ポスター番号はボードにも貼ってあります。タイトルのすぐ下の行はもっとも目立つ（真っ先に目に入る）ので、「背景と目的」「まとめの模式図」、「結論」の３枚のパネルを並べることもあります。研究全体の説明をするときは、パネルをなめらかにつないでストーリーを示していきます。最後に、A０プリンターで専用の紙か布に印刷しましょう。

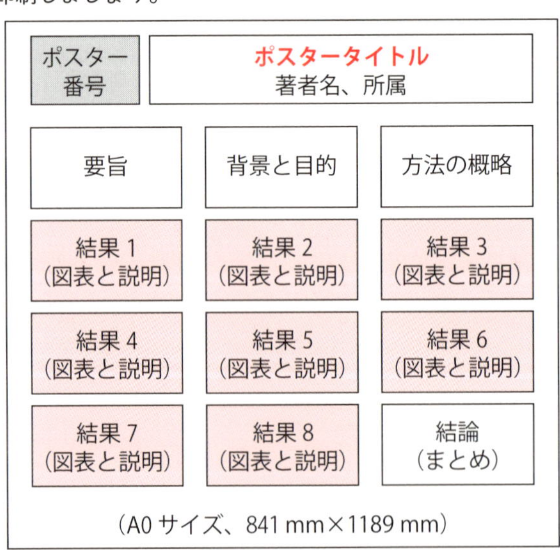

ある日のアツキ研究室

わかりやすいポスターさえあれば、考えは伝わるの？

木持くん（キ）：学会でポスター発表するんですが、どういうふうにつくったらいいんですか？

熱木先生（ア）：国内や海外を問わず、どの学会でもポスターはＡ０サイズだよ。Ａ４のパネルを並べてつくるとつくりやすいよ。１枚のパネルで１枚のスライドだと思ったらいいんだ。

キ：実験データのパネルは何枚くらいですか？

ア：ふつう７〜10 枚だね。

キ：たくさん実験したのに、ほんのちょっとしか見せられないんですね。

ア：だから「核心に迫る大事なデータ」を見せたらいいんだよ。まとめのところにマンガの**模式図**を書いたら、見た目でもわかりやすくなるよ。

キ：そうですか。

ア：模式図については、先行論文がなくて「たぶんこうだろう」という部分は疑問符（？）をつけたり、点線にして示したほうがいいね。

キ：しっかり下調べをしてきれいな模式図をつくって、質問がこないようにします。

ア：模式図だけでは研究のおもしろさや意義は伝わらないから、言葉でもしっかり説明できるようにしようね。それにポスター発表は、立派なポスターを貼ることだけじゃなく、当日のディスカッションにこそ価値があるんだ。しゃべることをおろそかにしてはダメだよ。

キ：わかりました。がんばりまーす。

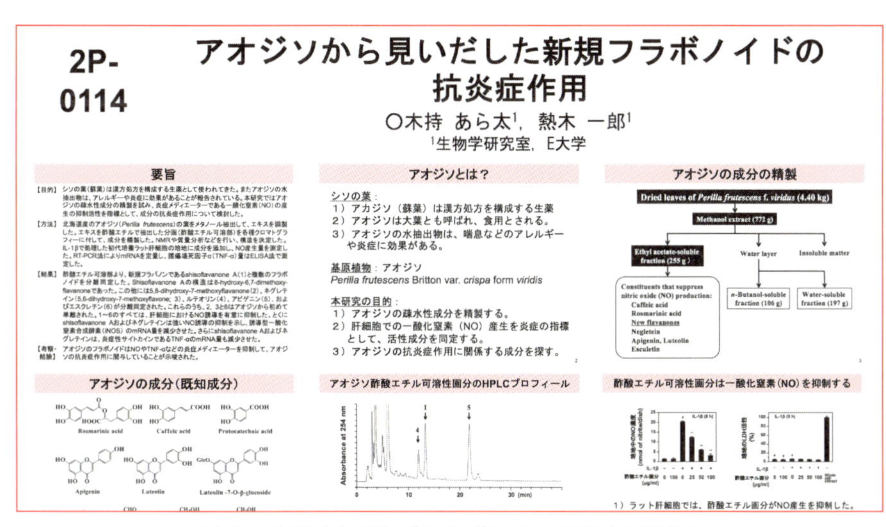

図４　木持くんが作成したポスターの例（上半分）

実行難易度 Lv.3

17. 発表原稿を書こう！

パネル・スライドごとに書こう

1. 1枚のパネル・スライドで一つの主張をしよう！

ポスター発表の場合は簡単に概略を説明するための発表原稿を、口頭発表の場合にはくわしく説明する発表原稿を書きます。どちらもパネル・スライドごとに発表原稿を書きましょう。1枚のパネル・スライドにはふつう一つのグラフまたは表が書いてあるので、実験データを説明して一つの結論に導いていきましょう。パネル・スライドごとに一つの結論があるので、発表原稿の一つの**パラグラフ**＊1に対応します。

＊1 「パネル・スライド＝発表原稿のパラグラフ＝発表原稿の段落」となります。

2. 短く簡潔にしよう！

わかりやすく説明するつもりであっても、くわしすぎる説明＊2はかえって聴衆がイライラします。ポスター前での説明は2～3分間程度、口頭発表のスライド1枚あたりの説明は1分間以内にしましょう。パネル・スライドごとの**結論**はタイトルに書いておきます。なるべく簡潔に、できれば1文で、説明の最初に結論をいいましょう＊3。先に結論がわかれば聴衆は安心します。

＊2 一つの文は長くても3行以内（120～130字程度）にしましょう。

＊3 トピック・センテンスに相当します。

3. 不要なデータをそぎ落とそう！

要旨に書いてあるデータは必ず説明しましょう。細かなデータやネガティブデータははぶいてもかまいません。「自分の研究で発見した新しいことは何か」、「どのような意義があるのか」が一番大切な部分（**セールスポイント**）です＊4。考察と結論のところで必ず強調しましょう。

＊4 自分の研究の売りなので、必ず聴衆に伝えましょう。

4. 全体の構成を先生に見てもらおう！

先行研究に自分の結論を支持する実験結果（似た例）があれば、考察で引用して裏づけとなる証拠とし、自分の結論が妥当であることを示しましょう。各パネル・スライドの説明の積み重ねが全

こんなことある！ある？　忙しいスライド？？

体の結論になることを意識します。パネル・スライドをつないで研究の**ストーリー**をつくるのは難しいので、予行練習の前に先生に見せて確認してもらいましょう[＊5]。

＊5　ファイルを見せるか、紙に印刷したものを見せるかします。

ステップアップ　チェックリスト

□ すべてのデータではなく、一番大事なデータ（key finding）を聴衆に理解してもらいましょう。

□ もし自分が見たり聞いたりする立場だったどうだろうかと考えながら、原稿を書いていきましょう。

実行難易度 Lv.2

18. 発表のキーワードは専門用語

背景のオリエンテーションが大切

1. 研究発表のキーワードは専門用語

発表の最初には、「なぜこの研究を行ったか」という「背景」を説明しましょう。説明にはふつう**専門用語**[*1]が含まれており、聴衆はたいてい、その用語を理解できません。専門用語は科学的に定義されているので同じ分野の人には常識ですが、ほかの分野の人が知っているとはかぎりません。まず専門用語の基本情報について**オリエンテーション（簡単な説明）**[*2]をしましょう。これで聴衆の理解がぐっと深まります。

＊1　同じ分野の研究者がみな理解できて、意味が一つである言葉。共通の科学的概念に基づいています。

＊2　ほかの分野の人にもわかるように、基本情報についておおまかに説明することです。

2. 専門用語をどう説明する？～まずは構造～

「何について発表するのか」を説明するために、キーワードとなる専門用語について説明しましょう。スムーズに理解してもらうためには、まず構造（つくり、形、存在場所など）をおおまかにいいます。たとえば「Fas 受容体は、膜に存在する受容体の一種です」と説明します。「受容体」[*3]についてさらに説明が必要かどうかなどは、聴衆の専門分野によるでしょう。

＊3　「受容体」のような、教科書に載っている専門用語の説明は簡単にするか、省略します。

3. 専門用語をどう説明する？～次に機能～

構造の説明に続いて、機能、つまり大切な働きや意義について説明しましょう。たとえば「Fas 受容体は、オタマジャクシの尻尾で起こったりするアポトーシスという細胞死にかかわっています」と説明します。さらに「Fas 受容体の機能亢進は肝炎と関連しています」と背景を説明すれば、聴衆は発表者と同じレベルまで理解が進みます。

Q 専門用語や略語はどのように声に出せばいいの？

A 略語の場合はさまざまで、規則はありません。先輩や先生に慣例を尋ねてみましょう。

英語の専門用語はラテン語やギリシア語が由来であることが多いので、比較的読みやすいです。ウィキペディア＊4あるいはインターネットの英単語の発音が載っているサイト＊5で、読み方を確認しましょう。

英語の略語では語呂合わせをしていることがあります。たとえば制限酵素の *Eco* RI は、「こだま（echo）」のように「イコーアールワン」と読み、酵素のチトクローム P-450（Cytochrome P-450）は CYP と略して「シップ」と読みます。しかし 1 文字ずつ「シーワイピー」と読むこともよくあります。最新の用語の場合には、学会の場でほかの人が何と発音しているか聴くのもよいでしょう。迷ったときは 1 文字ずつ読むのが無難です。

＊4　https://ja.wikipedia.org/wiki/
＊5　howjsay.com（http://www.howjsay.com/）など。

ステップアップ　チェックリスト

- □ 聴衆があまり知らない用語や語句はしっかり説明して、聴衆がつまずかないようにしましょう。
- □ どこまでくわしく説明しなければならないかは学会によって違うので、先生に聞きましょう。

実行難易度　Lv.2

19. 予行演習をしよう！

質疑応答も練習

1. パネル・スライドごとにキチンと説明しよう！

学会発表前には、研究室内で発表の**予行演習**[*1]をします。説明の長さは**パネル・スライド**[*2]ごとに、おおむね**1分間 / 枚**にしましょう。要領よく説明するために、予行演習は絶対に必要です。とくにポスター前での**ショートトーク**[*3]では、緊張してかなり早口になってしまうので注意しましょう[*4]。

2. 「前のスライドには戻れない」と心得よ！

ポスターのパネルや口頭発表のスライドの順番[*5]が整理されていないと、聴衆にはわかりにくくなります。ポスターではパネル間の移動は簡単で、指さすだけでよいため、示す順序を変えることも可能です。しかし口頭発表では（一つ前くらいなら大丈夫ですが）ずっと前のスライドには戻れません。予行演習でスライドがなめらかにつながるかどうか確認して、スライドの順番を修正しましょう。スライドをいったりきたりするのはNGです。

3. 説明を首尾一貫させよう！

たとえば「腫瘍壊死因子」「Tumor necrosis factor」「TNF」を入り乱れて使ったら、聴衆は混乱します。「腫瘍壊死因子はTumor necrosis factorのことで、TNFと略します」と最初に説明したら、あとは首尾一貫して「TNF」を使います。聴衆は1か所でつまずくと、説明を追いかけられなくなります。聴衆にわかりやすく専門用語を説明し、呼び方を首尾一貫させましょう。

4. 書いてあることは答えられるようにしよう！

学会での質疑応答では「仮説を裏づける実験データはあるか？」「もし～だったらどうなる？」「仮説が飛躍しすぎていないか？」など、さまざまな質問が飛んできます。ポスターや口頭発表の内

*1　予行ともいいます。タイムキーパーをしてもらい、本番と同じ時間で発表と質疑応答をします。

*2　パネル・スライドが一つのまとまりで、文章では一つのパラグラフに対応します。

*3　Short talk。ポスターを指さしながら、2～3分間で研究内容を説明します。

*4　ただし、与えられた制限時間内には必ず収めるようにしましょう。

*5　研究の道筋（ストーリー）を反映しています。

こんなこと ある！ある？ 先輩を質問ぜめ！

容について答えられるように、発表前に**下調べ**＊5をしておきましょう。答えにくい質問に対する回答も用意しておきます＊6。

＊5　**想定問答集**をつくって、予想される質問に関する答えを予習しておきます。

＊6　発表のときに知っていることをすべていわなくてもいいですが、「もう少し調べておけばよかった」とならないようにしましょう。

5. 質疑応答も含めて予行演習

予行演習での質疑応答は、とてもよい練習なのでどんどん質問してもらいましょう。自分で考えた**想定問答集**に載っていないことを聞かれたら、答えを追加しておきます。研究室内での反応を見て、スライドの順番や発表のしかたを微調整しましょう。

ステップアップ　チェックリスト

- □「□であるから△である。なぜなら○であるから」と、推論の形式を意識して説明しましょう。
- □ 予行演習は研究室のメンバー相手に、何度でもくりかえしましょう。

Pick Up column 学会ではどんな質問をされるの？

学会でのポスター発表や口頭発表での質疑応答では、いろいろな質問をされます。思いがけない質問をされて、しどろもどろになっている発表者も見かけます。もし実験データの信頼性に問題がなければ、仮説の裏づけとなったデータを示して質問に答えます。仮説が裏づけられなければ主張が崩れてしまいます。

いくつかの代表的な質問例をあげました。カッコの中には意地悪な質問者の本音を書いています。カッとならずに、実験的な根拠をあげて冷静に反論しましょう。もし質問に答えられるデータがあれば、意地悪な質問者も信じてくれるでしょう。答えられないときは無理をせず、「今後検討します」などと答えましょう。

◆実験データについての質問「実験データは大丈夫かな？」

・実験データが不正確ではないですか？
本音 いいかげんなデータは信じられない。

・実験データの再現性はありますか？
本音 1回だけのデータを出したのかな。

・別の条件でやったら逆の結果が出ませんか？
本音 ほかの条件では再現されません。

・図の説明がよくわからないのですが？
本音 説明が間違っていますよ。

・実験方法は適切ですか？
本音 ほかの方法を使ってもいいのに。

・なぜその材料を使ったのですか？
本音 その材料を使ったときにしか、仮説にあう結果が出ないのではありませんか。

・同じような条件で、ほかのグループは逆の結果を出していますが、実験に問題があるのではありませんか？

本音 ほかのグループの結果のほうが正しいですよ。

◆仮説や主張についての質問「仮説は正しいかな？」

・◯◯という用語が出てきましたが、具体的な意味がわからないので教えてもらえませんか？
本音 用語の定義があいまいです。

・結論として△△といいたいのでしょうか？
本音 結論がわかりません。

・なぜそういう結論になるか、もう一度、説明してもらえませんか？
本音 もっとわかりやすく説明してほしい。

・データどうしに矛盾があるのでは？
本音 矛盾したデータをなぜ出すの。

・□□の可能性は検討しましたか？
本音 別の仮説でも証明できますよ。

・仮説の証明には▽▽の実験が足りないのでは？
本音 証明がずさんですよ。

・実験データの解釈が意図的では？
本音 都合のよい解釈ですよ。

・ほかのグループは別の可能性を示唆しているのになぜですか？
本音 ほかのグループのほうが正しいですよ。

・結論を導くための前提がおかしくないですか？
本音 推論が間違っていますよ。

・データと結論がつながらないように思えます
本音 無理やりこじつけていますよ。

ある日のアツキ研究室
EXPANDED EDITION

ポスター発表 10 のルール

：もっと上手に学会発表用のポスターをつくりたいんですけど、コツはありますか？

：目的をはっきり書いて、タイトルをしっかり考えたらいいよ。

：ソレは、有名な「ポスター発表の 10 のルール*」の 1 と 3 ですネ。

：「10 のルール」ってなに？

：Erren と Bourne が専門誌に書いた記事デス。ルール 2 は「10 秒間で自分の仕事を売り込め」と積極的ですネ。

：そのあとはどういう内容なんですか？

：ルール 4「ポスター採択そのものは意味をもたない」

：採択されてから、しっかりとポスターをつくりましょう、ということだね。

：ルール 5「よい論文を書くためのルールはそのままポスターにも適用できる」

：難しいことだね。つづきは？

：ルール 6「よいポスターは論文にはないよさがある」。ポスターならば自分の研究についてもっと突っ込んだ説明をすることができる、と書いてありマス。

：そのあとは？

：ルール 7「レイアウトと体裁はきわめて重要」

：文字やグラフの体裁をそろえるように気をつけよう、っと。

：ルール 8「内容は大切だがコンパクトに」
ルール 9「ポスターには個性が現れる」
ルール 10「ポスターのインパクトはポスターセッション中とあとにある」

：難しいけど大事なところをすべて網羅しているね。読んで参考にしよう。

---

* Erren, T.C. and Bourne, P.E. Ten simple rules for a good poster presentation. *PLoS Comput Biol*. **3**:e102 (2007).

5章

しっかり予行演習をして準備万端でも、忘れ物をしたらたいへんです。前日までに準備して、発表会場であわてないようにしましょう。

実行難易度　Lv.1

20. 忘れ物はない？

持ち物を確認しよう

1. 服装はだいじょうぶ？

学会の「発表者への注意」には服装のことは書いてありません。しかし学会発表はフォーマルなものなので、Tシャツやジーンズ、ハーフパンツなどラフな服装はNGです[*1]。露出度の高い服装や派手なネイルも場違いです。たいていの人がもっているリクルートスーツが無難な線でしょう。

＊1　学会によって服装や雰囲気が違うので、先生や先輩に聞いてみましょう。

2. 会場までいけるかな？

当日までに、会場へのアクセス（交通手段）を調べておき、会場までの地図もプリントアウトしてもっていくようにしましょう。会場によっては、施設の入口から会場入口までに思いのほか時間がかかることもあるので、おおまかにどのくらい時間がかかるかも調べておくと安心です。スマートホンに頼りきると、電池切れのときにパニックになります。

3. ポスターはもった？

ポスター発表をする場合、紙ポスターは筒型ケースに入れてもっていきます。布製ポスター[*2]の場合は折りたたんでバッグに。加えて、ポスターのデータファイル[*3]を記録した**フラッシュ（USB）メモリ**も忘れずに持参しましょう。データファイルさえもっていれば、万一ポスターを汚したり、なくしたりした場合でも、会場で印刷することができます。

＊2　持ち運びが楽ですが高価です。

＊3　印刷したのと同じ「最終版」のファイルをコピーするようにしましょう。PDFにも変換しておくとよいですね。

4. スライドで発表するときは？

口頭発表をする場合は、スライドのデータファイル[*4]を記録した**フラッシュ（USB）メモリ**を持参して、学会のパソコン（PC）とプロジェクタを使って映写します。学会で指示がある場合など、必要であればPC[*5]を持参します。PCをもっていく場合で

＊4　もしものときは、パワーポイントをPDFに変換したファイルでも映写できるので、用意しておくと安心です。

＊5　Macパソコンでは、プロジェクタとのアダプタが必要です。

も、データを保存したフラッシュ（USB）メモリを必ずもっていきましょう。自分のパソコンにトラブルが起こった場合への対策です。

5. 参加証はもっている？

大会に事前参加登録をしている場合には、開催前に参加証（ネームプレート）と領収書が送られてきます。当日うっかり参加証を忘れないようにしましょう。参加証がないと会場に入れなかったり、受付でもう一度参加費を払うよう求められる[＊6]こともあります。学生証も必要になることがあるので、もっていきましょう。

＊6 国際学会のときは、参加費の振込確認書（確認メール）のプリントアウトをもっていったほうが安全です。

出発前のチェックリスト

- □ 服装は学会にふさわしい？
- □ 会場までの交通機関とかかる時間はどのくらい？
- □ どの駅で降りるの？
- □ 関係するプログラムはプリントアウトした？
- □ 関係する連絡先（電話番号）は記録した？
- □ 学会の参加証（ネームプレート）は持っている？
- □ 学生証は持っている？
- □ ファイルの入ったUSBメモリーは持っている？
- □ ポスターは持っている？
- □ （口頭発表で必要な場合）パソコンは持っている？

ステップアップ　チェックリスト

- □ ホームページやプログラム集に載っている「参加者へのご案内」や「発表者への注意」をよく読んでおきましょう。
- □ 同じ学会に参加する先生や先輩の携帯電話番号などを聞いておきましょう。

実行難易度　Lv.1

21. 早めに会場に行こう！

遅刻厳禁

1. まずは総合受付へ！

全国大会の場合には、要旨を投稿すると同時に大会の事前参加登録をする場合がほとんどです。参加証をつけていれば受付へ行く必要はなく、そのまま会場に入れるのがふつうです。一方、地方会や研究会などでは、当日、総合受付で参加費を払って、参加証（兼ネームプレート）に名前を書いて身につけることが多いでしょう。

2. 発表時刻と会場を確認しよう！

事前にメールや**プログラム集***で発表案内を受け取っているはずですが、ときには会場が変更になることがあります。会場に着いたら総合受付の表示などを確認しましょう。大きな会場だと部屋の入口がわからなかったり、会場番号を間違えることもあります。自分や仲間の発表、聴きたいと思う講演を事前にリストアップしておくと便利です。

＊　パソコンだけでなく、スマートホンにも対応するようになってきています。

3. 演題番号は合っているかな？

ポスターを貼る場所を間違えることもよくありますし、午前と午後でポスターを入れ替えることもあります。会場に着いたら、要旨に書いてある演題番号と会場の番号を確認しましょう。わからなかったら受付で尋ねましょう。ポスター前で説明する時刻がいつかも確認しておきましょう。

ステップアップ　チェックリスト

- □ 電車遅延などのタイムロスも考え、時間の余裕をもって会場に着くようにしましょう。

こんなこと ある！ある？

ギリギリセーフ!?

会場でのチェックリスト

	☑
総合受付はどこ？　参加登録は済んだ？	□
自分が発表する部分のプログラムは持っている？	□
自分の演題番号（発表番号）は何番？	□
発表の開始時刻はいつ？	□
発表する会場はどこ？	□
ポスター会場の受付はどこ？　ピンはどこ？	□
ポスターを貼る場所（スペース）はどこ？	□
口頭発表のスライド試写はどこでするの？	□

実行難易度　Lv.1

22. ポスター・スライドの準備をしよう！

発表までにすることがある

1. 発表会場の受付にいこう！

ポスター会場にはたいてい、入口に受付があります。発表者（演者）には発表者用リボン[＊1]が渡され、ポスターを貼るためのピン（画鋲）やテープなども提供されます。スライドで口頭発表をする会場でも、その入口か会場内に受付があり、**スライド試写**をします。最初に受付にいきましょう。

＊1　誰が発表者か周りに知らせるためのものです。胸などにつけましょう。

2. 準備の時間は決まっているよ！

何時までにポスターを貼らなければならないか、何時までにスライドの試写をしなければいけないかは、学会ホームページやプログラム集（要旨集）に載っています。時刻ギリギリに会場に着いて、あわてることのないようにしましょう。

3. ポスターを貼ろう！

自分のポスター番号が書いてあるボードをさがします。大きな学会だと受付に見取り図が置いてあるので、それを参考にしましょう。ポスター受付でもらったピン・磁石・両面テープなどを使って、ボードにポスターを貼ります。ポスターがずり落ちたりする場合は補強し、ピンが足りないときは受付でもらいましょう。

4. スライドの試写をしてみよう！

口頭発表をする場合には**スライド試写**をして、文字が正しく映っているか、動画が動くかどうかなど動作チェックをします[＊2]。パワーポイントなどのスライド作成ソフトウェアとプロジェクタとの相性が悪い際には文字化けしたり、解像度が合わずに画面の一部が表示されないことがあります。とくに動画やアニメーションを含むファイルは動作不良を起こしやすいため、必ず試写をしましょう。

＊2　会場内か会場の入口に、試写をするための受付があります。

こんなことある！ある？ **動画には要注意**

ステップアップ　チェックリスト

- □ サイズの大きなファイルは動作不良の原因になりやすいので、作成時の仕上げに軽くしましょう。
- □ 自分のパソコンを使うと、動画などの動作不良トラブルは減ります。パソコンを持ち込めるかどうか確認しておきましょう。

実行難易度　Lv.2

23. 質疑応答の内容を書きとめよう！

発表は研究内容を改善するチャンス

1. 質疑応答の内容を、その場でメモしよう！

学会発表のときに受けた質問と自分の回答については、忘れないうちに必ず会場でメモを取っておきましょう。学会発表の**報告書**[*1]に書くためだけでなく、その後の研究や論文作成にも役立つからです。

＊1　学会報告（帰朝報告）をする研究室も多くあります。

2. 自分の研究の弱点を知ろう！

学会発表で質問する人は、あなたの研究内容に興味や疑問をもっている人ですので、とくに実験データの信頼性や、仮説の正しさを裏づける実験やその根拠を尋ねられるでしょう。ですから、質問によって自分の研究の長所や短所を知ることになります。学会での質問やコメントを生かし、自分の研究の**ウィークポイント**[*2]を補強していきましょう。

＊2　一つの研究ですべてを解明することはできません。わからない部分は想像するしかないのですが、新しい研究のきっかけになることもあります。

3. どんな実験をしたら論文になるか考えよう！

正確で再現性のある実験データと、「なるほど！」と思わせる仮説があればもっともな主張となり、卒業論文や修士論文に近づきます。実験データが足りていないところや仮説の修正が必要な部分は、学会でとくに指摘されます。研究の今後の方向性について聞かれることもあるでしょう。コメントに耳をかたむけ、学会後にどのような実験をすればよいか考えましょう。

4. 関連する研究についての情報を集めよう！

学会発表した研究は未完成の状態です。関連分野のほかの発表を自分のものとくらべてみれば、自分の研究レベルがわかってきます。学会に参加したら、関連する研究についてできるだけ情報を集めましょう。そうすれば、次に自分はどのような実験をしなければならないか、きっと見えてくることでしょう。

Q 学会発表は、卒業論文・修士論文に関係ないですよね？

A 学会発表の経験が論文作成にもおおいに役立ちます。

学会発表の要旨作成の方法は、卒業論文や修士論文の要旨作成とまったく同じです。学会発表の準備作業も、論文作成のステップとほとんど同じです。グラフや表はそのまま使い、発表原稿を書き言葉の文章に変えて肉づけしていけば、修士論文が作成できます。学会発表ははじめての経験ですから、苦労する部分もあるでしょう。しかし、その苦労は論文作成だけでなく、社会に出たり、博士課程に進学したときにもぜったいに役に立ちます。

5. 学会発表は奨学金をもらうときに役立つよ

奨学金の申請時には大学・大学院での成績と研究業績が審査され、学会発表や論文発表をすると評価が上がります。つまり、学会発表をした証拠を残しておかないといけません。学会が終わると大会のウェブページが閉鎖されて、プログラムや要旨を見られなくなることがあります。早めに、発表の証拠となる学会のプログラムや自分の要旨のコピー[*3]を取っておきましょう。

＊3　大学からの交通費補助の申請のときにも必要になります。

ステップアップ　チェックリスト

- □ 学会で指摘されたことを実験で確認してみましょう。
- □ 学会発表での経験を卒業論文や修士論文の作成に生かしましょう。
- □ 研究をさらにレベルアップして、専門雑誌への投稿をねらいましょう。

ある日のアツキ研究室 EXPANDED EDITION

自分の考えを伝えるために大切なこと

：学会のポスター発表はどうだった？

：質問をされたんですけど、質問にきた人がなかなか理解してくれないので、もどかしく思いました。

：ボクもそうです。どうやったら自分の考えをわかりやすく伝えることができるんですか？

：四つのポイントがあるよ。一つ目は**国語力**だね。言葉でわかりやすく説明できることだよ。

：国語力をつけるためにはどうしたらいいんですか？

：専門用語を含めて語彙（ごい）を知っていること、それから、日本語で意味が通るように原稿を「書く練習」をすることが大切だね。

：二つ目はなんですか？

：**コミュニケーション力**だよ。相手の話を聞いたり、相手に合わせて話したりして、意見を交換できる能力だね。

：３番目は？

：**科学的思考力**、つまり客観的なデータに基づいて推論をする能力だよ。これがないと、同じ科学の土俵に立って議論ができない。

：最後のポイントはなんですか？

：**プラスα**かな。質問している人はきみたちの表情をしっかり見ているよ。「説明はしているけど、本当にわかっているのかな」と試されていることもあるんだ。

：質問されたらメチャメチャ緊張しました。

：かまわないよ。最初から余裕をもって答えられる人なんていないよ。

：ふう、安心しました。

6章

魅力的な発表にしよう

研究発表の主役は、あなたです。あなたが、たしかなデータでストーリーをわかりやすく説明すれば、派手でなくても、じゅうぶん魅力的な発表になります。四つのポイント（たしかなデータ、明快なストーリー、わかりやすい説明、自信に満ちた態度）に注意して、研究成果を聴衆にしっかり伝えましょう。

実行難易度　Lv.2

24. ポイント❶ たしかなデータ

いちばん大切なこと

1. 最重要！！　正確で再現性の高いデータ

研究内容を発表する際には、同じ実験結果が3回得られることを必ず確認しましょう。研究の「答え」はわかりませんから、結果にウソがあっても、結果の解釈にムリがあってもいけません[*1]。論文と違って学会発表の場合は研究に未完成の部分があってもかまいません[*2]が、再現性の高いデータを使うことで発表の質が上がります。

＊1　ウソは捏造（ねつぞう）などの研究不正につながります。

＊2　学会発表の時点で正しいと思っていたことが、後日、間違っていたことがわかることもあります。その場合には研究不正にはなりません。

2. たしかな実験データは科学的推論の基本

科学的推論には、たしかな実験データ（**科学的根拠**）が必要不可欠です。実験方法が適切で操作がたしかであれば、結果の信憑性（しんぴょうせい）が増し、実験結果に基づいて自分のアイディア（**仮説**）が正しいかどうかを検証して**結論**を主張することができます。実験データがあやふやでは推論どころではありません。

3. 実験データを含むスライド1枚＝1パラグラフ

発表のときには、たしかな実験データに基づいて「○○だから△△である」と結果の解釈をして、パネル・スライドごとに一つの結論を出します。つまり、各パネル・スライドが「小さな科学的推論」であり、説明の**パラグラフ**[*3]なのです（1実験データ＝1パネル・スライド＝1パラグラフ）。一つずつ実験データを示して「自分の仮説が正しいかどうか」検証を積み重ねて全体の結論を述べれば、聴衆も納得しやすいでしょう。

＊3　論理的な文章を書くための形式で、結論となる最初の文（トピック・センテンス）、それを補強する科学的根拠の文から構成されます。発表の説明では、一つのパラグラフが1個の段落になります。

こんなこと ある！ある？　発表本番での自信は、毎日の実験ノートから

ステップアップ　チェックリスト

- □ 実験技術を磨いて、たしかなデータが取れるようにがんばりましょう。
- □ 「ひとまとまりの実験データを含む科学的推論」がパネル・スライド１枚にあたることを、いつも意識しましょう。

実行難易度　Lv.3

ポイント❷

25. ストーリーがわかるように説明しよう！

聴衆が納得できるように

1. パネル・スライドの説明は基本構成に沿って

前項で述べたように、パネル・スライド１枚が小さな科学的推論になっているので、その説明をする際には**基本構成**（序論、方法、結果、考察と結論）[＊1]にしたがいましょう。いきなり結果をいうのではなく、はじめに「○○の可能性を検証するために」「△△の結果を確認するために」などといえば、前のパネル・スライドとのつながりを示せます。次に「□□の方法で▽▽の結果を得ました」と説明し、最後に「したがって、▲▲という仮説が支持されます」と結論に導きます。これで、パネル・スライド１枚を１**パラグラフ**にできました。

＊1　論文全体の基本構成と同じで、科学的な主張をするための形式です。

2. 自分のアイディアを示そう！

研究内容を説明する際には「どこまでが先行研究の結果」で、「どこからが自分の実験データ」かをはっきりさせましょう。自分のデータをもとにして述べる、「なぜなら○○であるから」の部分がアイディア（**仮説**）です。仮説は自分の考えなので、ほかの研究者の意見や考え[＊2]と区別して伝えます。実験データと仮説との関係を明確にしつつ説明すると、**研究のストーリー**[＊3]を理解しやすくなります。

＊2　先にアイディアを出した研究者に優先権があります。ポスター・スライドでは書誌情報（引用情報）を書いて、誰の考えかわかるようにします。

＊3　仮説にしたがって、実験データを整理して並べ、目的から結論に導くためものです。

3. パネル・スライドをつなげてストーリーをつくろう！

パネル・スライドを並べればなんとなく流れはわかりますが、それだけでは単なる羅列で、「何がいいたいのか」をすぐには理解できません。次は，パネル・スライド（＝パラグラフ）どうしのつながりや関係を示して、**ストーリー**を聴衆に理解してもらいましょう。各パネル・スライドの冒頭（最上部）に、「仮説を検証するための結果①」「結果①の補強」「結論」など、関係性を示す言葉を入れてみましょう。

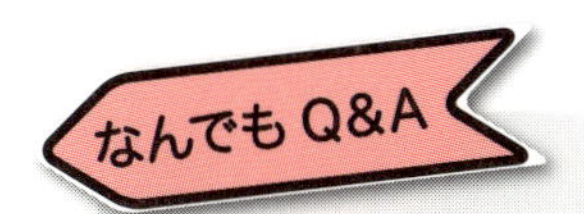

Q 研究は100%完成しないと発表できませんか？

A いいえ。しかし100%に近づける努力はしましょう。

研究の完成度についておおまかにいえば、図のようになります。
学会発表では未完成の部分がある研究成果でも発表できます。また自然現象を完全に説明することはできないので、論文でさえその完成度は100%とはいえないでしょう。完成度を上げるためには、労力と時間とお金が必要です（研究の第1法則。➔項目31参照）。しかし「発表の完成度」は100%にできるはずです。研究内容を聴衆にきちんと伝えるために、ポスターや発表原稿の**ブラッシュアップ**は欠かせません。

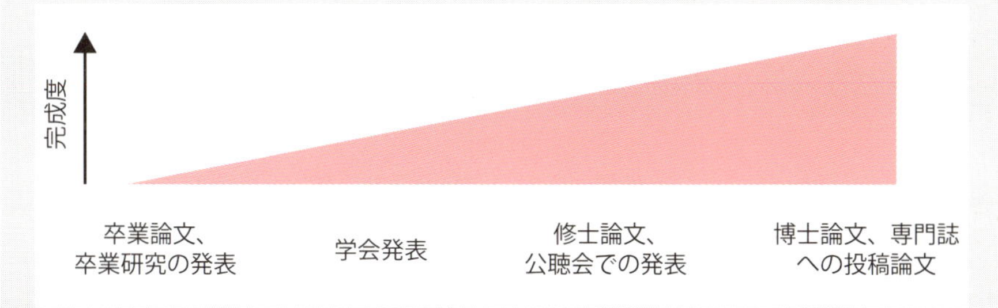

4. 確認！　目的と結論はペアになっている？

こうして発表をつくりこんでいくと、最初のパネルと最後のパネルでつじつまがあわなくなってしまうことがよくあります。説明では最初と最後が大切です。最初に「何がわからないから、何を研究したのか」目的を説明し、最後に、すべてのパネル・スライドの結論をまとめて「何がわかったのか」全体の結論[*4]をいいます。「結論」は、最初の「目的」に答えられていますか？

＊4　発表のタイトルと矛盾しないことも確認しましょう。

ステップアップ　チェックリスト

□ 「実験データ＝パネル・スライド＝パラグラフ」であることを意識して、説明文でパラグラフをつなげていきましょう。

実行難易度　Lv.3

ポイント③ 26. わかりやすく説明しよう！

原稿のブラッシュアップと説明のコツ

1. 原稿を徹底的にブラッシュアップしよう！

自分で発表原稿を十分に推敲したあとは、先生に添削してもらいます。添削では誤字、体裁、科学的表現、科学的内容の4点をチェックします。スライドやポスターに誤字があると、研究内容まで疑わしく思われてしまいます。発表原稿はまず自分で読み返して直したあと、先生に**ストーリー**を確認してもらいましょう[*1]。

＊1　スライドの順番が少し変わるだけでも、ぐっとわかりやすくなります。

2. 話ことばで短くいおう！

発表の場では研究内容に注目させ、自分の研究の価値を理解してもらうことが大切です。聴衆は発表原稿を耳で聞くわけですから、長い文や複雑な表現・言い回しは理解しにくくなります。たとえば、漢語（音読みの語句）を多く使うと、聴衆はどちらの意味か迷ったりする[*2]ことがあります。カタカナ言葉や略語だらけも避けましょう。文は短く、わかりやすい表現をしましょう。

＊2　たとえば「かんご」は漢語、看護、それとも監護？　のようなことです。

Q みんなを驚かせる発表がしたいです！

A オーソドックスな発表が一番です。

どんな型破りなプレゼンをしても、発表内容がよくなければ評価されません。研究者は適切な方法で実験を行い、実験データを客観的に解釈しなければなりません。そうでないと、研究成果は他人に評価される対象になりません。ですから、学会発表でも「研究の目的に始まり、結果を示して考察し、主張する」というオーソドックスな形にしましょう。

こんなこと ある！ある？ **制限時間オーバー！**

3. 大事なところはくりかえしゆっくりいおう！

緊張して早口になるのは避けましょう。あせることはありません。また、キーワードである**専門用語**がはじめて出てきたときには、その用語の意味を簡単に説明しましょう。聴衆のなかには、その用語を知らない人もいます。各パネル・スライドの**トピック・センテンス**や大事なところは、くりかえしたり、ゆっくりいって強調しましょう。こうした注意を払いつつ発表が制限時間内におさまるように[*3]、予行演習でしっかり練習しましょう。

*3 制限時間は、発表中に知らされます。演台の黄色と赤色のランプや、ベルを鳴らす場合があります。

4. 色の使いすぎは避けよう！

ポスター・スライドは芸術作品ではないので、複雑な色を使ったり、極端に凝った文字フォントにする必要はありません。色の使いすぎはかえってわずらわしくなり、理解を妨げます。研究内容がよければ、多色にしなくても十分にインパクトがあります。

実行難易度　Lv.1

ポイント❹ 27. 自信をもって発表しよう！

発表態度も大切

1. 原稿でなく、聴衆を見よう！

ポスターでも口頭発表でも、発表者は聴衆を見なければダメです。発表用の原稿を読み上げているうちは、聴衆は関心を示してくれません[*1]。原稿なしで説明できるのがベストですが、それができなくてもときどきは聴衆を見るようにしましょう。落ち着きなく聴衆への視線を向けたり、キョロキョロしていると印象がよくないので、聴衆全体を見わたすようにしましょう。

＊1　なれてきたら原稿メモをチラッと見るだけにしていきましょう。

2. しかめっ面はやめよう！

誰でも発表になれないうちは、ひどく緊張してしまいます。原稿に気がいってしまい、いい間違えないかとガチガチに顔がこわばります。つくり笑いをする必要はありませんが、眉間にしわが寄っているような表情では、聴衆によい印象は与えません。しかめっ面ではなく、なるべくにこやかに説明するようにしましょう。

3. 大きな声で説明しよう！

聴衆はどんな研究内容を聞けるかと期待しています。小さな声で説明したらよく聞こえないので、研究内容を理解できません[*2]。今までがんばって研究してきたのですから、元気よく説明しましょう。それだけで、聴衆はあなたの味方になってくれます。

＊2　小さな声だと「研究内容に自信がないからだ」とも聴衆は思います。

4. つまったときはスライドのキーワードに戻れ！

緊張のあまり、口頭発表の途中で頭が真っ白になったらどうすればいいでしょう？　まずは深呼吸。そしてスライドに書いたキーワードを見ましょう。練習を思い出すことができるはずですよ。発表原稿をプリント[*3]してもっていく場合も，キーワードにラインマーカーなどをしておけば、焦ったときにキーワードを見つけやすいでしょう。

＊3　発表原稿やメモはスライドごとにして、大きめの字で書いておくとよいでしょう。

ある日のアツキ研究室

新しい発想はどこで生まれる？

木持くん（キ）：研究のアイディアって、どこで思いつくんですか？

熱木先生（ア）：中国の思想家だった欧陽修は、よい考えがひらめくのは三上（さんじょう）だといっているよ[*4]。三上とは馬上（ばじょう）、枕上（ちんじょう）、厠上（しじょう）のことだよ。

キ：馬上ってどういう意味ですか？

ア：馬に乗っているときに思いつくという意味だよ。現代なら車や電車に乗っているときかな。散歩しているときでもいいね。DNA を増幅する PCR（polymerase chain reaction）法を発見したマリス[*5]は、デートのドライブ中に思いついたそうだよ。

キ：枕上って寝ているときですか？

ア：そうだよ。ケクレ[*6]は夢の中でベンゼン環のイメージを思いついたそうだ。湯川秀樹博士[*7]は、寝ているときに浮かんだ考えを枕元のノートに記録していて、ある晩、中間子のアイディアがひらめいたそうだ。睡眠中は自由な発想が生まれやすいんだろうね。

キ：お風呂で原理を思いついた人もいますよね？

ア：アルキメデスだね。Eureka ！（わかったぞ）と叫んだそうだね。

キ：最後の厠上ってなんですか？

ア：トイレのことだよ。ぼくはあまり思いつかないけど。

キ：ボクはゆっくり読書してます。

ア：凝り固まって考えているときより、少しリラックスしたほうがいいんだろうね。とにかく「発想は自由に」。ただし、発想はあとで論理的に証明しないといけないよ。

キ：難しそうですけど、やってみます。

＊4　外山滋比古『思考の整理学』筑摩書房（1986）
＊5　K. B. Mullis。1993 年にノーベル化学賞受賞。
＊6　F. A. Kekulé（1829–1896）。化学者。
＊7　1949 年にノーベル物理学賞受賞。

ステップアップ　チェックリスト

□ 多くの人の前で発表することが一番の練習ですが、家でもかまいません。何回でも予行演習をしましょう。

Pick Up column

要旨と発表原稿とパネル・スライドとの関係

発表原稿をつくる際は、3章で書いた「要旨」をもとにします。下の図のようにして、「要旨」から「パネル・スライド（写真やグラフでデータを示したもの）」をつくり、さらにそれを説明する「発表原稿（説明文のパラグラフ）」をつくっていきます。そして、パネルどうしの関係を示す言葉を足してパラグラフをつなげ、全体の結論に導きます。

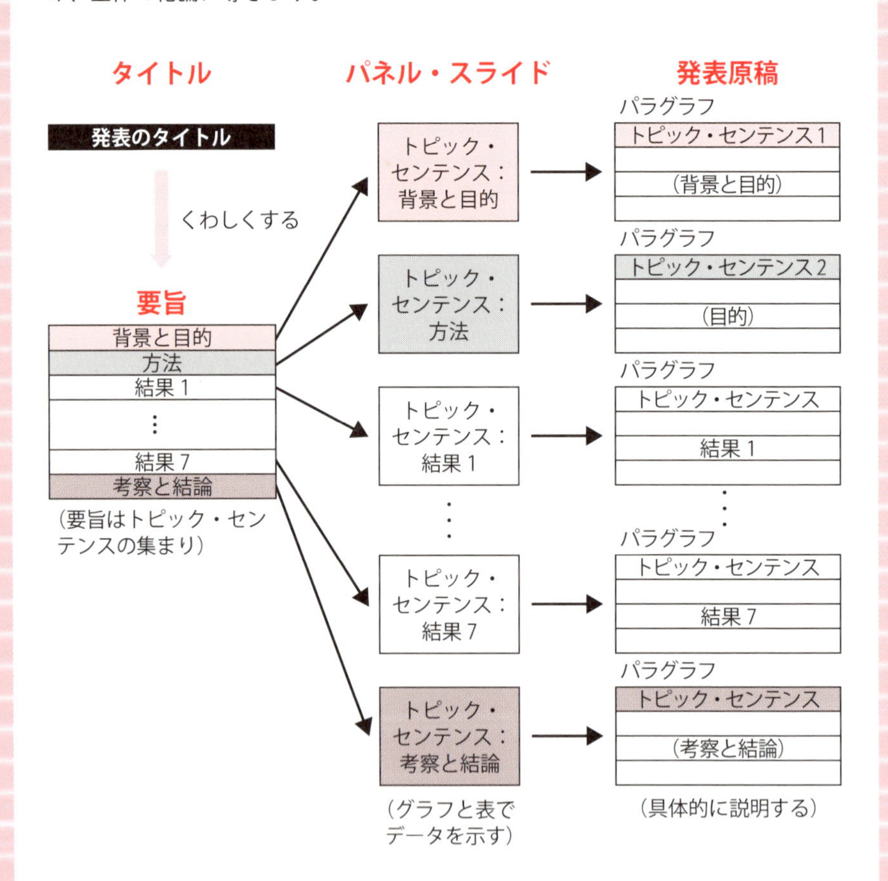

7章

研究の質を高めよう

ここまで、「学会発表するにはどうすればよいか」を説明してきました。しかしよい発表をするには、研究のレベルを上げる必要があります。レベルアップをめざして、自分の研究テーマや実験についてよく調べ、さらに深く考えてみましょう。

実行難易度　Lv.1

28. 最適条件をさがそう！

パイロット実験で急がば回れ

1. 似た方法を論文や実験マニュアルで探そう！

研究室にはたいてい、**実験プロトコール**＊1を集めたもの（研究室独自のプロトコール集）があり、研究室のメンバーは誰でも最適な条件で実験できます。もし研究室プロトコールがない場合には、実験の最適条件を自分で探します。PubMed や Google Scholar を使って似た方法が載っている論文を集めたり、キットや製品の説明書や書籍に書いてあるプロトコールも参考にしましょう。

＊1　試薬、緩衝液、反応液などの調製法と操作手順を書いたもの。

2. どの条件が一番大切か考えてみよう！

論文に書いてある方法どおりに実験をしてみても、最初からうまくいくことはほとんどありません。勝手にアレンジしても失敗します。これは実験の一番大切な原理、条件や因子（ファクター）を理解していないことが原因です。先生や先輩は条件や因子に関してアドバイスしてくれるので、どれが実験のキモであり、操作のコツなのか理解するようにしましょう。

3. 迷うときはパイロット実験をしてみよう！

実験を成功させるには、一番よい条件（最適条件）をさがさなければなりません。もし条件が論文ごとにバラバラで迷うときは、すべての条件の組み合わせを試す**パイロット実験**＊2をしてみましょう。どれかの組み合わせでうまくいくはずなので、その組み合わせを本番の実験（**本実験**）で使い、条件の詳細を実験プロトコールにまとめましょう。

＊2　予備実験ともいいます。最適条件を決めるために、条件（試薬濃度や反応時間など）をさまざまに変えて行う実験のこと。

4. 上手にキットを使おう！

試薬や器具を組み合わせたさまざまなキット＊3が市販されています。キットは高価ですが、実験によってはよい結果が出やすい

＊3　RNA や DNA を精製するキットや、タンパク質を検出するキットなど。企業が決めた最適条件で実験を行えるように簡易化されています。

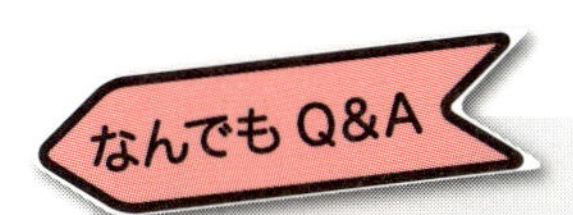

Q 研究室のプロトコールを自分流にアレンジしていいですか？

A いいえ。うまくいかなかったときのみ変えてください。

研究に慣れてくると自信が出てきて、先生や先輩のアドバイスを聞かずに、自己流にプロトコールを変える人がいますが、これは失敗のもとです。先生や先輩はみなさんより研究をよく知っており、経験も豊富です（失敗も豊富ということ）。研究室プロトコールは、その研究室でよく行う実験について、過去と同じ失敗をくりかえさないためにつくられています。研究室のメンバーがムダな試行錯誤をするのを避けるためです。

研究室のプロトコールを変えていいのは、実験がうまくいかなかったときだけです。そのときには先生と相談しながら、少しずつ条件を変えてみたり、場合によっては新しい方法に挑戦します。実験手法のアレンジは、DNA複製のように「**半保存的に**」行うのがベストです。創造性とは関係ありません。

ので、先生と相談してみましょう。ただし過信は禁物。キットの内容を知らずに使ったら失敗します。原理や溶液の成分についてよく理解したうえで、キットを使いこなしましょう。

ステップアップ　チェックリスト

- □ 面倒くさがらずにパイロット実験をしましょう。
- □ パイロット実験と本実験のやり方については、必ず事前に先生と相談しましょう。
- □ よい実験結果も大切ですが、どのようにしてよい結果を導きだすかも考えましょう。

実行難易度　Lv.2

29. 面倒くさがらずに実験しよう！

粘れば必ず結果が出るよ

1. 仮説を検証できるなら、すぐ実験してみよう！

実験テーマについて、まだわかっていない部分はどこか考えます。考えた実験を試すことで仮説が検証できるのであれば、ためらわずに実験をしてみましょう。そして結果を見て、仮説を検証できそうならさらに実験を進め、もし仮説を否定するような結果がでたなら仮説を修正します。お金と手間のかからない、簡単な実験から手をつけてみましょう。

2. めんどうくさいでは進まない

条件検討のパイロット実験でも同じです。実験をせずに「こうかも…いや違うかも」と考えているあいだは、何も進まず迷うだけです。成功でも失敗でも、実験結果が出れば必ず先に進みます。必要と思う実験なら、多少時間がかかってもフットワーク軽くやってみましょう。また、同じルーティンの実験だからといって、**実験ノート**[*1]に書かないのはいけません。手抜きせずに、毎回必ずノートに書きましょう[*2]。

＊1　ページに通し番号が入っていて切り離せないノートで、実験で行ったことすべてを書きます。コクヨの「リサーチラボノート」などが市販されています。

＊2　白川英樹博士（2000年ノーベル化学賞受賞）の導電性プラスチックの発見は、単位を間違えて触媒を1000倍多く入れてしまったことがきっかけです。実験ノートに記録してあったからわかったことです。

3. いろいろな可能性をためしてみよう！

「これをやりなさい」と先生からいわれたことだけしていても、最低限のことしかわからないし、新しいこともわかりません。「この実験をしてこういう結果になれば自分のアイディアを証明できる」というところまで考えましょう。「この研究については自分が一番やっている」と思えるまで、自分からすすんで実験に取り組み、いろいろな可能性をためしてみましょう。

4. 同じ結果を3回出そう！

研究は再現性がいのちです。１回だけのマグレ当たりの結果を、学会や論文で発表することはできません。発表内容には、筆頭著

こんなことある！ある？　届いたビンの中に試薬が入っていない！

者であるあなたと、Corresponding author[＊3]である指導教授の２人が責任を負います。「この結果はたしかです」と胸を張っていえるよう、同じ結果を必ず３回出しましょう。思いどおりの結果が出ないこともありますが、仮説にあう都合のよいデータのみを集めたりしては、大きく道を踏みはずします[＊4]。

＊3　論文を投稿したり、編集者とメールのやりとりをする著者のこと。

＊4　研究における不正行為につながります。データの捏造（ねつぞう）や改竄（かいざん）をしてはなりません。

ステップアップ　チェックリスト

- □ **集中力**が実験の精度を高め、結果の信頼性を上げます。日々の実験には集中しましょう。
- □ 謙虚に客観的に実験データを見て、結果を解釈していきましょう。

実行難易度　Lv.3

30. 実験プランを立てよう！

どの実験をするか、実験ノートで管理しよう

1. 実験で証明すべき項目をあげてみよう！

先生にやっておくようにいわれたことは、どうしても必要な最低限のことです。自分のアイディア（仮説）を検証するために実験で証明すべき項目を、**実験ノート**に書き並べてみましょう。まずは思いついただけ書いてみます。集めた情報を最大限に利用しましょう。ただし、「何を証明しようとして実験するのか[＊1]」、つねに実験の目的を忘れないように。

＊1　ときどき実験そのものに夢中になって、何のために実験をしているのか、わからなくなることもあります。実験ノートに「目的」を書く習慣をつけましょう。

2. いつまでにどの実験をするか考えよう！

列挙した項目について、「最初にどの実験をするか」考えてみましょう。そして「(その結果が予想どおりであれば) 次はこれ」と、順番を考えて実験ノートに書いてみます[＊2]。次に、いつまでにどの実験をするか、おおよその予定を立てます。ここまで自分で考えたら、あとは先生や先輩に説明して議論しましょう。

＊2　実験ノートに、実験とその順番を書きとめておくと忘れません。あとで整理するときにも便利です。

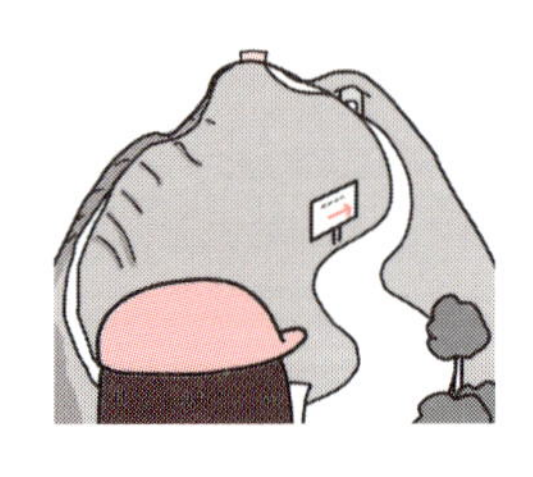

3. 実験プランについて先生と相談しよう！

研究は一人で進めるのではありません。先生や先輩・同期に、自分の考えを説明してみましょう。声に出して説明しているうちに、証明の足りないところが自然とわかってきて、どういう実験をしたらよいかもわかってきます。自分の考えをまとめてから、少なくとも週に1回は実験プランについて先生と**相談**[＊3]しましょう。そのときには結果の報告も必要ですよ。

＊3　相談するときは、実験ノートと生データを持参すること。実験前に**相談**、実験中に何かあったら**連絡**、実験後に**報告**（ホウレンソウ）です。

4. 実験プランをためしてみよう！

ここまできたら、あとは実験あるのみ。**実験ノート**に目的と、実験プロトコールの操作手順を書いて、頭の中でシミュレーションしてから始めると失敗を少なくできます。必要があれば、**パイロット実験**（➔項目 28 参照）をして最適な条件を決めます。

こんなこと ある！ある？ 溶媒を間違えた！

5. 実験結果を見ながら軌道修正！

予想どおりの結果であれば、次に何をすればよいかは決まります。しかし予想と違っていたら、フレキシブルに実験プランを練り直しましょう。実験テーマを一番理解しているのはあなたです。先生に報告する前に、必ず自分で「次にどのような実験をしたらよいか」考えましょう。成功か失敗かにかかわらず、すべてのデータファイルを記録しておいて、先生と相談しましょう。

ステップアップ　チェックリスト

- □ 議論したことや思いついたことは、すぐに実験ノートかメモ（またはスマートホン）に書き留めましょう。
- □ 予想どおりの結果が出なかったときどうするか、「次の一手」を考えましょう。
- □ 実験の経験が多い先生や先輩のコメントに、素直に耳を傾けましょう。

実行難易度　Lv.3

31. 実験は早い、安い、うまい

実験が上手になるには

1. 実験を正確かつ早く行える〜早い〜

正確な操作で手際よく実験を行えば、実験は成功し、早く終わります。これは時間配分を考えて、実験プラン（仕事の段取り）をしっかり立てている[*1]ことの裏返しです。プランを立てると見とおしがつきメリハリが生まれます。デイタイムは実験に集中し、オフタイムにはしっかりと休みを取って遊ぶことができますよ。

＊1　プランを立てるコツ：「すぐにしなければならないこと」、「しばらく保留できること」、「ゆっくりすればよいこと」と優先順位をつけてみましょう。

2. 簡単な実験から始める〜安い〜

労力や資金をかければ成果が出るという「研究の第１法則」という考えがあります。

（成果）＝（労力）×（資金）×（時間）……研究の第１法則

ただし、これは実験が成功したときの話です。実際には研究資金は有限ですし、あなたの時間もかぎられているので、まず簡単な実験からやってみましょう。お金も手間もかけずに仮説を検証することができます。一つ一つ実験を成功させていけば大きな成果につながるのでがんばりましょう。

3. 最小の実験で結論を導く〜うまい〜

「うまい実験」とは、一つの流れで仮説を検証できるような実験です。しかし一つの実験で証明できることにはかぎりがあるので、穴を埋めるような別の実験をして「合わせ技一本」で証明するプランもあります。ムダな実験をせずに、最小の実験回数で結論に近づくことができます。

4. だけど、失敗も成功のもと

実験の失敗はムダにはなりません。実験には失敗のほうが多く、成功は少ないものです[*2]。成功した人は失敗について語らない

＊2　操作や手順を間違えたり、結果が判断できない実験は**失敗実験**ですが、次の一手がわかれば成功につながります。

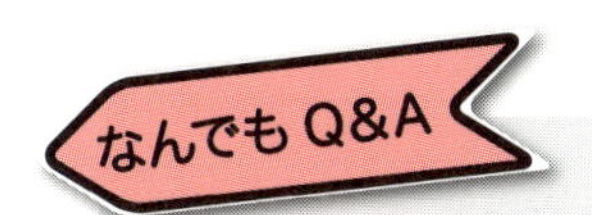

Q ティーチング・アシスタントの仕事が大変です。

A 実力アップのチャンスなので、なるべく引き受けましょう。

世界中の多くの大学で、大学院生はティーチング・アシスタント（TA）として学部生の学生実習を手伝います。学生実習の実験そのものは結果がわかっていて、大学院生にとってはとても簡単に思えるでしょう。しかし実習を注意深く見ていると、学部生が「なぜわからないのか」、「何を失敗するのか」など、**失敗のツボ**がわかってきます。

また、実習中に学部生に質問されても、基本原理をうろ覚えだと意外と答えられないものです。実験の原理や方法について勉強し直すよい機会になり、自分の力を向上させることになります。そのうえ、手当までもらえますから、大きな負担にならないかぎりはしっかりやりましょう。

だけです。研究者の能力は次の式で表されます。

（能力）＝（才能）×（努力）×（運）……研究の第2法則

よい実験結果の影には、ハードワークが隠れています。実験の努力が必ず報われるとはかぎりませんが、努力をしない人には成功もありません[*3]。実験プランをよく練り、失敗をおそれずに実験しましょう。

＊3 「成功の陰には、その何倍もの失敗がある。意味のない失敗はない。成功した人は誰よりも失敗した人です」(2015年ノーベル医学生理学賞を受賞した大村智先生)

ステップアップ　チェックリスト

- □ 実験をする前に、実験ノートで**実験操作のシミュレーション**をしましょう。
- □ 研究者は「清く、正しく、美しく」、実験は「早い、安い、うまい」でいきましょう。

ある日のアツキ研究室
EXPANDED EDITION

研究の第2法則の意味は

：「研究の第2法則」**（能力）＝（才能）×（努力）×（運）**ですけど、いまひとつ意味がピンとこないんですよね。

：才能とは、研究者としての素質や創造力のことで、アイディアの「ひらめき」力も含まれるよ。レオナルド・ダ・ヴィンチを考えてごらん。

：努力の人といえばトーマス・エジソンですね。

：そうだね。「1％のひらめきと99％の努力」という名言は有名だね。発明しようとする執念が努力を支えたんだね。努力には、注意深さや集中力も含まれると思うんだ。大事な実験操作のときに集中力がなかったら、努力も水の泡だからね。

：運もそんなに大切なんですか？

：これも大きなファクターだと思うよ。たとえば、メンデルには運がなかった。生きているうちには法則の価値が認められなかったからね。

：サンプルに青カビが混入したことからペニシリンを見つけたフレミングなんて、すごく運がいいですね。

：このような発見のことを、**セレンディピティー**（serendipity）*というんだよ。もともと目的にしていなかったところから研究成果が生まれることだ。

：セレンディピティーって、はじめて聞きました。

：セレンディップとはスリランカ（セイロン）のことなんだけど、そこの王子様が旅に出たものの、目的のものは探し出せなかった。でも、予期しないものを見つけて幸せになるという物語からつくられた言葉なんだ。セレンディピティーによる発見は意外と多いよ。

：ボクの研究にもセレンディピティーが現れないかなぁ。

：パスツールいわく、「チャンスは準備している人にしかつかめない」

：努力しまーす。

＊　外山滋比古『思考の整理学』筑摩書房（1986）

8章

英語で要旨を書こう

昨今は英語化の流れが加速し、国内学会でも、日本語と英語の両方で要旨を提出することが増えてきました。この章では、日本語の要旨をもとに英語の要旨を書くにはどうすればよいかを説明します。

実行難易度　Lv.1

32. 自然科学に英語は必須

英語とは一生のつきあい

1. 英語はできてあたりまえ

自然科学の分野では、最新の知識は英語論文からしか得られないので、英語は非常に大切なツールです。この状況は、今後しばらく変わらないでしょう。ですから、理系だからといって英語が苦手なのは困りものです。英語が好きで得意な人のほうが、理系での活躍の場が広がります。

2. 研究成果を発信できるのは英語だけ

オリジナルな研究成果は、**原著論文**[*1]として英語で発表します。世界中の論文の要旨が収載されているPubMedなどのデータベースには、日本語の論文であっても、英文要旨がついていれば収載されます。つまり、英語の要旨がなければ論文の存在を知ってもらえません。国内の学会でも、要旨の英文化が進んでいます。研究成果を発信できるグローバル・スタンダード（世界基準）は英語です。

＊1　original article、research article、full paperなどと呼ばれ、新しい発見が含まれる論文です。

3. 日本語能力と科学的思考力があれば英文要旨は書ける

ある程度の日本語能力をもっていれば、基本的な英語能力をつけるのにさほど苦労はしません。さらに、**科学的な思考力**[*2]があれば何の問題もないでしょう。自信がないかもしれませんが、これまで自分が学んできた英語の知識を最大限に使ってみましょう。どんなにエライ先生も、はじめから英語で発表できたり論文が書けたわけではありません。

＊2　推論をする力、つまりテーマに対する仮説を立て実験データを解釈して仮説を検証する力のこと。訓練すれば身につけられます。

4. パラグラフで読み、パラグラフで書こう！

とくに海外では、自分の意見を主張することが求められます。相手のいうことがわからなくても、自分のいいたいことはいえま

Q なぜ日本語の能力が英語の勉強に必要なのですか？

A 伝わりやすい文章をつくる能力のベースになるからです。

人が何か考えるときには、幼児期に身につけた言語（**母語**）で考えるのがふつうです。アイディアをイメージ画像として思いつく人もいますが、多くの人は母語の言葉でアイディアがひらめきます。つまり、母語でしか創造はできません。アイディアを科学的推論によって理路整然と説明するために、母語の能力は大切です。

日本語の能力が高い人は母語以外の言語能力も高い傾向があるので、日本語能力が英語学習にも反映されます。日本語で説明できないことは、英語でも説明できません。ひらめいたアイディアも同様です。ですから、日本語で論理的に説明する力も磨きましょう。

す。英語でも日本語でも、要旨や発表原稿は科学的推論に基づく書き手の解釈と主張を伝えるものなので、**パラグラフ**が構成単位となっています。一つのパラグラフには一つの主張だけを含めます。科学ではパラグラフを使って自分の考えを主張しましょう。

5. 大学での英語の授業も役に立つよ

社会に出てから英語の勉強をするのはたいへんです。仕事とは別に、夜や休日に時間を取らねばなりません。大学にいる間は時間も取りやすく、大学の授業料の範囲内で英語を学べます。TOEIC や TOEFL も受験しやすいですね。大学はスタート地点です。英語はやればやるほどうまくなり、楽しくなってきます[*3]。気合いを入れ直してがんばってみましょう。

＊3　TOEIC（http://www.toeic.or.jp/）あるいは TOEFL（http://www.ets.org/toefl）のテストでのスコアは、英語能力のよい指標になります。

ステップアップ　チェックリスト

- □ インターネットで、英語を使って情報収集をしてみましょう。
- □ **パラグラフ**を意識しつつ、科学に関する本や論文をたくさん読みましょう。
- □ 大学で行っている海外短期留学などに参加して、外国人のものの考え方や外国文化にふれる経験をしましょう。

実行難易度　Lv.1

33. 国内学会でも英語の要旨が必要!?

グローバル化の流れ

1. 日本語と英語、両方の要旨が必要

国内の学会でも、全国大会のときには発表の種類（ポスターか口頭か）にかかわらず、要旨を日本語と英語の両方で書くことが増えてきました＊1。説明や質疑応答は日本語でもかまいませんが、ポスターの文章や口頭発表のスライドをできるだけ英語で書くことも推奨されています。国内学会であっても、「書く」ときには英語を使うのがスタンダードになってきています＊2。

＊1　日本生化学会、日本分子生物学会、日本癌学会など多数の学会で英文要旨の提出が勧められるようになっています。

＊2　発表の言語を発表者が選べるようになっている国内学会もあります。

2. 国際学会なら発表も英語

国際学会での発表は、すべて英語で行います。開催地が海外か日本かは関係なく、世界中の研究者が参加するので、要旨も発表も英語です。また国際学会のときには、まず要旨がレビュアー（審査員）により**査読**＊3され、採択されれば発表できます。口頭発表かポスター発表かの希望も出せますが、どちらになるかは採択結果がくるまでわかりません。

＊3　**ピア・レビュー**（peer review）ともいいます。何人かの研究者（peer といいます）が要旨の内容を審査し、採否を決めます。

3. 海外での学会に参加するなら手続きも英語

海外で開かれる学会では、現地の公用語に関係なく、英語が使われます。要旨も英語で作成して投稿します。ポスター発表では、質疑応答以外に**ショートトーク**（➡項目 19 参照）があることもあります。海外での学会参加はよい経験になるので、在学中に機会があれば、ぜひ英文要旨を投稿してみましょう。

4. 国際学会で発表できるか、先生と相談しよう！

国際学会の参加費は国内学会より高額なことが多いようです。参加費を負担できるか、まず先生と相談しましょう。また国際学会では、学会に見合う発表内容であるかどうか事前に判断されることもあります。発表内容についても先生とよく相談しましょう。

こんなこと ある！ある？

景品コレクター

ステップアップ　チェックリスト

□ 大学が学会発表の費用を補助してくれる制度もあります。日本でも海外でも、可能であればどんどん発表しましょう。

実行難易度　Lv.2

34. 今もっている英語力がベースになる

わからない単語は調べればよい

1. 中学・高校の単語のレベルで OK

科学に関係する単語（語彙）には**「一般的な英単語」**、**「科学に特有な単語」**、**「英和辞典に載っていない専門用語」**の 3 種類があります（表 4）。英和辞典でも意味を確認してみましょう。「一般的な英単語」とは、日常会話でもほぼ同じ意味で使える単語です。このような単語は、中学・高校レベルの語彙が身についていれば、英語発表でも使えるようになります。

表 4　自然科学で出てくる単語とその例

	一般的な英単語	科学に特有な単語	英和辞典に載っていない専門用語
単語の意味を何で調べる？	英和辞書、和英辞書	専門用語辞典、オンライン辞書、教科書、△英和辞書（単語は載っているが、科学分野での意味が載っていない）	専門用語辞典、オンライン辞書、教科書
意味、定義	文脈によって変化することあり	厳密に定義されており、文脈によって変化しない	厳密に定義されており、文脈によって変化しない
科学的な概念の理解	不要	必要	必要
例 1 ：report（動詞）の意味	報告する、伝える		
例 2 ：significant（形容詞）の意味	重要な、いちじるしい	（有意差検定をして、統計的）有意差がある	
例 3 ：chromatography（名詞）の意味			クロマトグラフィー（分析法の一つ）

2.「科学に特有な語彙」を覚えよう！

英和辞典に載っている意味で訳がしっくりこないときは、科学分野で特定の意味をもつ「科学に特有な語彙」の可能性があります。専門用語は、意味と定義がはっきりと決まっており、同じ分野の人なら誰でも理解しあえる言葉です。くわしい英和辞書を見ると、科学に特有な意味も掲載されていることがあります[＊1]。分野ごとの**専門用語辞典**[＊2]、**オンライン辞書**[＊3]、教科書で意味を調べましょう。

＊1　《化学》《生物》《医学》などと専門分野を示して意味が書いてあります。

＊2　『生化学辞典』（東京化学同人）、『ライフサイエンス必須英和・和英辞典』（羊土社）など。

＊3　ライフサイエンス辞書オンラインサービス（http://lsd.pharm.kyoto-u.ac.jp/cgi-bin/lsdproj/ejlookup04.pl）。
weblio 英和辞典・和英辞典（http://ejje.weblio.jp/）には、ふつうの英和辞典の内容も含まれています。

3.「英和辞典に載っていない専門用語」を覚えよう！

さらに、狭い専門分野でしか使わない用語や新しい言葉は、英和辞典に載っていない、いわゆる「専門用語」です。専門用語は科学的な概念に基づいて定義されているので、その科学的な定義や概念がわからないと文全体を理解できません。逆に専門用語を理解しておけば、それをもとに発表や論文の話題が何か、すぐに推測できます。発表のときには、専門用語の説明をきちんとすることで聴衆を安心させられます[＊4]。

＊4　オリエンテーションといいます（➡項目18参照）

4. 文法も中学・高校レベルでOK

文法は、中学～高校1年程度で十分です。時制は現在形、現在完了形、過去形がほとんどです。単語の使い方や表現については、実際の学会の要旨集や論文を見てみましょう。これらの英文を読んでいくことで、意味のニュアンスや使い方を少しずつ覚えていきましょう。書くときには、なるべく簡単な表現を使うのがコツです。

ステップアップ　チェックリスト

- □ 科学英文を読むときに、パラグラフの最初の文（**トピック・センテンス**）は完全に意味が理解できるようにしましょう。
- □ 科学に関係する専門用語は、日本語と英語のセットで少しずつ覚えていきましょう。
- □ 科学的推論に使う基本的な動詞を付録にまとめました（111ページ参照）。ぜひ覚えましょう。

実行難易度　Lv.3

35. まずは書いてみよう！

日本語要旨を英訳すべし

1. 日本語の要旨をもとにしよう！

まず科学的な推論に基づいた日本語の要旨を完成させましょう。ブラッシュアップして日本語要旨が完成したら、それをもとにして英文の要旨を書きます[＊1]。内容に問題のない日本語要旨であれば、あとは英語表現だけに集中すればよいのです。日本語の要旨も提出するときには、内容に矛盾がないようにしましょう。

＊1　はじめて英文要旨を書く人が、日本語の要旨なしに英文要旨をいきなり書くのはほとんど不可能です。

2. 過去の英文要旨を見せてもらおう！

つぎに、日本語の要旨を英語に翻訳していきます。研究内容が似ているので、研究室で過去に発表した英文要旨が役に立ちます。まずは、対応する英語の専門用語を調べます。また科学に特有な英語表現は、過去の要旨での表現を参考にしましょう[＊2]。英語の表現と日本語の表現は1対1で対応しないので、厳密に逐語訳する必要はありません。

＊2　学会の要旨集（抄録集）や専門誌の論文も参考になります。

3. 基本構成は同じ：背景と目的、方法、結果、考察

タイトルは1文か名詞で簡潔に書きましょう。たとえば“X inhibits Y”、“Inhibition of Y by X”、“X-mediated inhibition”など[＊3]です。日本語でも英語でも、要旨の本文の**基本構成**（序論、方法、結果、考察と結論）は同じです。学会により字数の規定は違いますが、要旨は短く、最大でも400 wordsくらいです。対応する日本語の文を訳して、英文を書いていきましょう。

＊3　inhibitは「阻害する」という意味。inhibitionはその名詞形で「阻害」です。

4. それぞれの部分の書き方

要旨の書き方は「**学会の応募要項**[＊4]」に示されています。要旨の基本構成を表5にまとめました。原稿全体が完成したら、先生に添削してもらう前に自分で読み直して、内容と表現が適切かどうか確認しましょう。

＊4　要旨投稿（abstract submission）の応募要項（guidelines）に字数、基本構成、形式について書いてあります。

表5　英文要旨の基本構成（めやす）

日本語	英語	内容	長さ	時制
序論 （背景と目的）	Introduction, Backgrounds, Rationale, Objective, Aims	研究の背景や目的、研究の「問い」	2～3文	現在形または現在完了形
方法	Materials and methods	材料、研究デザイン、おもな方法	2～3文	過去形
結果	Results	実験の結果	3～4文	過去形
考察と結論	Discussion, Conclusion	研究結果のまとめと結論、意義や応用の可能性	2～3文	現在形

序論：研究の背景、位置づけ、目的を、現在形または現在完了形[*5]で書きます。目的を分けて書く場合もあります。

方法：研究デザインや、主たる方法を過去形で書きましょう。

結果：得られた実験結果を過去形で書きます。データについての**直接の解釈**[*6]も書いてよいですが、客観的に書くようにしましょう。

考察と結論：目的で書いた「問い」に答える形で、自分の研究結果の意義や応用の可能性などを現在形で書きます。結論の項が分かれていることもあります。

＊5　教科書に載っていることは一般に認められている事実として「現在形」に、先行研究については「現在完了形」にすることが多いです。

＊6　データの変化は何を意味するかを説明することです。たとえば、「活性減少の程度は薬物の阻害作用に比例する」

ステップアップ　チェックリスト

- □ 原稿ファイルはこまめに保存し、フラッシュ（USB）メモリや外部メモリにバックアップを取りましょう。
- □ 学会の投稿要項に合わない場合には受理されません。要項をしっかり読んでから要旨を書きましょう。

実行難易度　Lv.3

36. 英文要旨のブラッシュアップをしよう！

じつは日本語での理解度が大切

1. 国語力とは、理解して説明できること

要旨の添削の前に、以下の2点を理解しておきましょう。1点目は、国語力とは「言葉で理解して言葉で説明することができる」ことです。日本語と英語で言語が違っても、まったく同じことです。もし日本語で書いた要旨が「読んでも理解できない文章」になっていたら、それは科学的な考え方そのものができていない[*1]か、それを表現する日本語力に問題があります。

＊1　日本語の単語の意味する内容がわからなかったら、対応する英語の単語も理解できませんよね。

2. 日本語で説明できないことは英語でもムリ

2点目は、日本語で説明できないことは英語でも説明できません。考えにせよイメージにせよ、言葉で説明できないことは、他人には伝わりません[*2]。日本語を母語とする日本人にとって、科学的な考え方を理解して日本語で説明できることであれば、ある程度の英語力さえあれば英語でも説明できます。ですから、「英語力≒日本語力」と考えてまず間違いありません。

＊2　絵画や彫刻は見る人ごとに違った印象を与えますが、要旨や論文の場合は誰が読んでも、唯一の結論が伝わるようにします。

3. 推論の過程を示す言葉を使おう！

先生に要旨を添削してもらう前に、推論の過程を示す英語の単語をチェックしてみましょう。実験結果を示すときのshowやdemonstrate、考察を示すときのsuggest、理由を説明するときのbecause（なぜなら）、結論をいうときのtherefore（したがって）などを使いましょう。結果と考察の科学的な推論で使われる動詞（➡付録参照）は厳密に使い分けられるので、文例を見ながらなれていくようにしましょう。

4. 自分で誤字と体裁をチェックしよう！

英文要旨のブラッシュアップでも、誤字、体裁、英語表現、科学的内容の4点をチェックします。英単語のスペルミスや基本的な

文法の間違い[＊3]については簡単に確認できるので、先生に見せる前に自分で校正[＊4]しましょう。指定されているフォントを使っているかどうか、ギリシア文字や特殊文字が正しく入力されているかなど、体裁の確認も、まずは自分でやりましょう。

＊3　複数のs、三人称単数現在（三単現）のsのつけ忘れなど。

＊4　MS Wordなどのソフトについている英文の校正機能を使うと、簡単に校正ができます。ただし最後は必ず自分の目で確認しましょう。

5. 科学的表現と科学的内容を先生に見てもらおう！

ここまできたら、先生に添削してもらいましょう。先生は英語での科学的表現と科学的内容（とくに**ストーリー**）についてくわしく見てくれるはずです。日本語の要旨の内容が、正しく英文になっているかも確認してくれます。先生とやりとりして**ブラッシュアップ**をするので、要旨を完成させるのには2～4週間かかります。

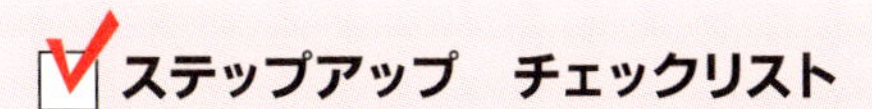

- □ 先生は忙しいので、時間の余裕をもって要旨の作成をしましょう。
- □ 項目**14**も参考にしましょう。

ある日のアツキ研究室

これが研究不正になるの？！

木持くん（キ）：学会発表の要旨とスライドをつくってきたんですけど、見てもらえませんか。

熱木先生（ア）：去年の地方会で発表したテーマだね。

キ：そうです。その後、いろいろ実験をしたので、データを追加しました。

ア：あれ？　タイトルと要旨の前半部分は去年と同じみたいだけど。

キ：はい。まったく同じタイトルと文章を使ったんですけど、何かマズいんですか？

ア：それは**自己盗用**＊5になるんだよ。まったく同じではダメで、語句や表現を変えないと。引用先を明示すれば数文までの論文の引用は大丈夫だけど、自分の文章でも、パラグラフのまるごと全部の引用は禁止だよ。

キ：へえ、そうなんですか。気をつけます。要旨は書き直すので、スライドを先に見てもらえませんか。

ア：このスライドは他人の論文のデータを引用しているんだね。図の下にキチンと論文の**書誌情報**＊6が書いてあるから大丈夫だね。

キ：はい。細胞の写真もきれいにできたと思うんですが。

ア：きれいに撮れたね。同じ写真の使い回しはしてない？　１枚の写真を部分的に切り取って、別の２枚の図のように見せたりすると**捏造**（ねつぞう）＊7になるんだ。

キ：絶対にしていません！

ア：それなら OK だ。じゃあ、文字フォントを統一してからもう一度、見せてもらえるかな。

キ：はい。了解しました。

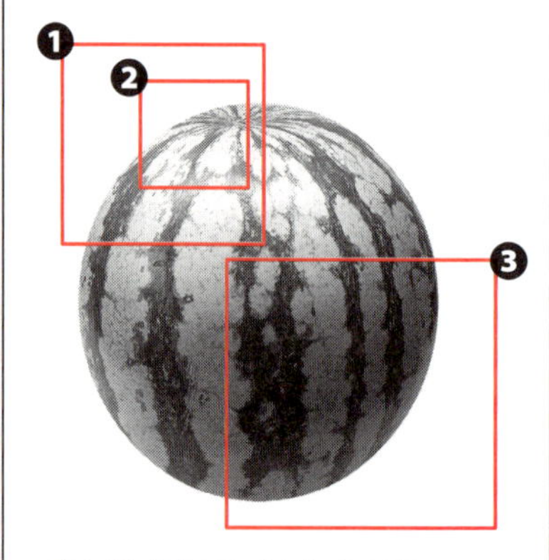

❶と❷：同じスイカなので○
❶と❸：別のスイカとして示したら×

＊5　自己剽窃（じこひょうせつ）ともいいます。他人の文章でも自分の文章でも、引用先を示さずに引用すると**盗用**（剽窃）という研究不正行為になります。

＊6　著者名、タイトル、雑誌名、巻号、ページ数のことをいい、引用や検索のときに必要となる情報です。タイトルは省略してもかまいません。

＊7　存在しないデータ・研究結果を作成すること。研究における不正行為の一つ。

SPECIAL EDITION

Q 英文校閲サービスを使ってもいいですか？

A もちろんOKです。

英語を母語としない人にとって、冠詞や前置詞などを完全に正確に使い分けることは至難の技です。ネイティブ・スピーカーによる英文校閲サービス*は高額ですが、学会要旨や投稿論文を作成する際には利用するのが賢明です。英語を母語としなくても、英文校閲サービスを受けることによって言語によるハンデがなくなります。

しかし、あまりにもひどい英文だと正しく校閲できない場合があります。まず先生に見せて内容を**ブラッシュアップ**してから、英文校閲に出しましょう。大学によっては、大学院生の校閲利用には補助が出ることもあります。投稿した要旨が門前払いされて不採択にならないように、英語で投稿する際にはぜひ、英文校閲サービスを利用しましょう。

Q 自動翻訳を使ってもいいですか？

A ぜったいダメです。

インターネット上には英語を日本語に、あるいは日本語を英語に自動的に無料翻訳するサービスがあります。英語論文を翻訳させてみると、意味の通らないメチャクチャな日本語になります。それは機械翻訳では専門用語がうまく訳せないことと、英文のセンテンスが長いので動詞を見つけ出せないことが原因です。日本語の要旨を英文に訳すときは、まず専門用語を英語に直してから、専門用語をつないで文にしていきましょう。

＊ Criterionなどの教育機関向けライティング指導ツールを使うこともできます。

ある日のアツキ研究室
EXPANDED EDITION

なぜ「示唆される」んですか？

：英語の論文を読んでいるんですけど、実験結果がはっきりしていて断言できるのに、考察では suggest という単語が使われてます。辞書を引くと suggest は「暗示する」とか「示唆する」という意味で、すごくあいまいだと思うんですけど。

：そうだね。考察では suggest がよく使われるね。日本語でも「～である」と断定せずに、「～と示唆される」と訳すよ。

：結果がはっきりしている実験データなら、断定してもいいんじゃないですか？

：うーん。たとえば、淡水魚のクニマスが見つからなくても、「クニマスは絶滅して存在しない」ことまでは断定できないよ。逆に、生きているクニマスが発見されて、「クニマスは存在する」ことが証明された*1けどね。

：「科学は否定の証明には向かない」ということはわかりました。だけど、存在の証明だったら、「～である」と断定してもいいんじゃないですか？

：そうだね。ほかに解釈の余地がないような実験データを示して、demonstrate（実証する）を使うこともあるね。しかし生物のような複雑なシステムでは、条件が変われば一つの仮説で説明できないことだって多いよ。

：それで suggest を使うんですか？

：そのとおり。難しくいうと、「自然科学は**帰納法***2で推論するので、100％正しいということはありえないから」だよ。しかし、suggest を「おそらく～であろう」と訳すとあいまいすぎるからダメだよ。

：わかりました。

＊1　2010 年に山梨県の西湖で生息していることが確認されました。
＊2　ある仮説のもとに、実験的根拠から新しい結論を導く方法。

9章

英語の発表に挑戦!

学生生活の中で、実際に英語で発表する機会はそれほどないかもしれません。しかし、国内で国際学会が開かれるときには英語で発表することができます。力をつけるチャンスなので、ぜひ挑戦してみましょう。

実行難易度　Lv.3

37. 一番いいたいことを理解してもらおう！

準備は日本語のときと同じように

1. 短いセンテンスにしよう！

8章で書いた英文要旨をもとに、発表用の原稿を書きましょう。口頭発表では聞いてすぐわかるように、複雑な英文法は必要なく、関係代名詞もほとんど使いません。自然科学では、条件などを説明するために文が長くなりがちです。なるべく短い文、簡単な表現を心がけましょう[＊1]。

＊1　1文あたり、だいたい30 words以内におさまるようにしましょう。

2. 一つのパネル・スライドで一つの結論

日本語の場合と同じく、一つのグラフ（図）または一つの表を1枚のパネル・スライド[＊2]に配置します。パネル・スライドごとにグラフの意味を説明し、仮説との関係を述べ、結論をいいます。一番いいたいことを、短く1文でいえるようにしましょう。これが結論、つまりパネル・スライドごとの**トピック・センテンス**になります。トピック・センテンスには、もっとも重要な言葉（**キーワード**[＊3]）が含まれているはずです。

＊2　「実験データ＝パネル・スライド＝パラグラフ」を意識しましょう。

＊3　説明のとき、キーワードはゆっくりといって強調します。

3. 盛りだくさんはダメ

いいたいことがたくさんあるからといって内容を盛りだくさんにしたら、聴衆は消化不良になってしまいます[＊4]。スライドならだいたい1枚あたり1分間、説明文は300 words以内にしましょう。聴衆は、研究の結論と意義に興味と期待をもっています。内容が多すぎて、結論と意義がぼやけてしまっては逆効果です。原稿を**ブラッシュアップ**して、「自分の研究で何がわかったか」を簡潔に説明しましょう。

＊4　細かな実験結果は省略します。あとで質問されたら答えればよいのです。

4. 理由をはっきり説明しよう！

「理由はいわなくてもわかるだろう[＊5]」という期待は、とくに英語発表では通用しません。英語圏では、「聞き手」が理解できな

＊5　聴衆の専門がまったく同じ分野とはかぎらないので、「暗黙の了解」にはなりません。

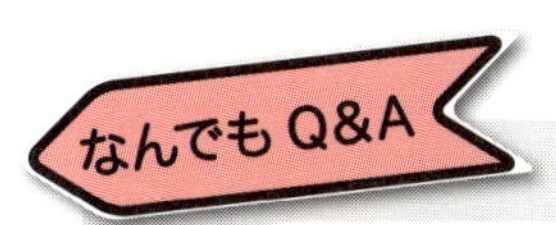

Q 相手のいっていることが全然わからないときはどうするの？

A とにかく聞き直しましょう。

英語発表の場合、英語そのものが聞き取れなくて発表内容が理解できないことがあります。早口でしゃべられて聞き取れないときは、「もう一度、ゆっくりいってください（Please speak slowly！）」などといいましょう。学会で質問している人は専門外のこともあり、初歩的な質問や的外れな質問をしてくることもあります。質問が理解できないときは、「You mean …（あなたがいいたいことは…）」とか、「I cannot figure out your question. Please explain！（意味がわからないので、もう一度、お願いします）」などといいましょう。

どうしてもダメなときは、図を使って質問し直してもらいましょう。質問者が答えをほしいと思っていれば、発表者（あなた）に質問をなんとか理解してもらおうとするはずです。聞き直すことは、まったく失礼ではありません。

いのは聞き手の理解力の問題ではなく、「話し手」の責任だという伝統があります。**科学的根拠**の有無は仮説の信憑性を左右するので、大切な根拠については必ず質問されます。主張の理由や仮説の裏づけとなる前提、先行研究、大事な実験データは省略せずに、きちんと説明しましょう。

5. 図表はわかりやすくつくろう！

グラフは仮説の科学的根拠となるので、とても大切です[*6]。言葉で説明しにくいところは、きれいなグラフが補ってくれます。言葉のハンデを気にするくらいなら、研究内容を忠実に示す、わかりやすいグラフをつくり、見ればすぐに意味が理解できるようにしましょう。まとめの**模式図**[*7]は、仮説の理解を視覚的に助けてくれます。（➔項目 39 参照）

＊6　きれいな図表は七難を隠します。データの信憑性を高め、結果の解釈や仮説との関係をわかりやすくします。

＊7　英語では scheme や chart といいます。多くの因子がどのように関係しているかなどを表す図のことです。

実行難易度　Lv.2

38. 自信をもって発表しよう！

会場では発表者が主役

1. 発音を気にしすぎない

日本語ではLとRの発音の区別はしません。ということは、LとRを区別して発音できない人が多いということです。ネイティブ・スピーカー＊1のように発音できればそれに越したことはありませんが、気にするあまり発表内容が悪くなれば意味がありません。よい実験データを示せば、聴衆はあなたの話に耳を傾けてくれます。多少の発音の間違いがあっても、文脈から意味を想像してくれます。発表中は、発音を気にしないでおきましょう。

＊1　英語のネイティブ・スピーカーとは、英語を**母語**（生まれてからはじめて身につけた言語）とする人をいいます。

2. いい間違いは気にしない

最初のうちは英文原稿を見て、読みながら発表してもかまいません。誰でも完璧な言葉を話すことはできません。多少のいい間違いはふつうです。テレビのアナウンサーでも、いい間違えはあります。外国人は、言葉の間違いなどまったく気にせずに話しつづける人がほとんどです＊2。いい間違えたらいい直せばよいのです。気にせずに話しましょう。

＊2　外国人との会話では、英文法がよくわからなくても成立することも多いですよ。

3. 大きな声で堂々と説明しよう！

研究者は自分の研究の評価はたいへん気にしますが、英語のネイティブ・スピーカーでないことはまったく気にしません。英語に自信がないからといって自信のない様子で説明したら、聴衆に聞いてもらえません。「研究内容に不安があるから自信がないのだろう」と、かえって勘ぐられてしまいます。今までがんばって研究してきた内容なのですから、堂々と説明しましょう。

4. 聞きたい内容なら聴衆が質問するよ

英語発表では、研究内容の60％をわかってもらえばよいと考えましょう。最初から完璧な発表をできる人はいません。本当に聞

ある日のアツキ研究室

きれいな発音だけど中身がない！

熱木先生（ア）：彼の説明は理解できたかな？

我賀くん（ガ）：英語が早すぎて、あまり意味がわかりませんでした。

ア：マイクはどうだった？

マイクくん（マ）：研究内容がつまらなくて、おもしろくなかったデス。

ガ：えーっ、発音がきれいだったから、りっぱな内容かと思ったんだけど。

ア：学会には研究成果を聞きにきているんだから、話し方はともかく、研究の中身が一番大事なんだ。

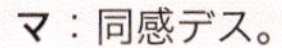

マ：同感デス。

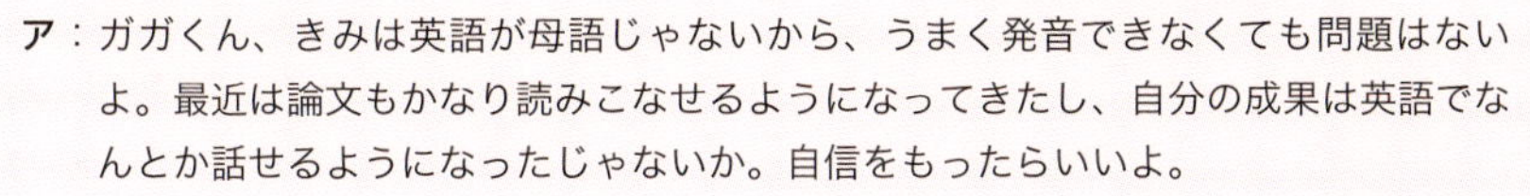

ア：ガガくん、きみは英語が母語じゃないから、うまく発音できなくても問題はないよ。最近は論文もかなり読みこなせるようになってきたし、自分の成果は英語でなんとか話せるようになったじゃないか。自信をもったらいいよ。

ガ：はい。

ア：何回か学会発表を経験すれば耳がなれてきて、相手のいうことがわかるようになるし、研究の中身もよく理解できるようになるよ。

マ：ボクはまだ研究内容についての勉強が足りません。中身の濃い発表ができるようにがんばりマス。

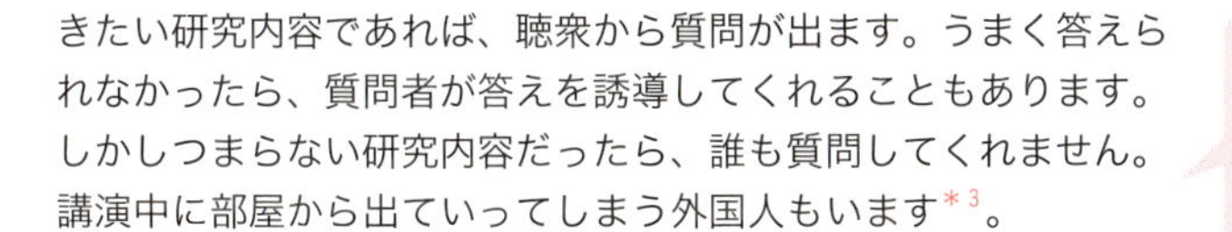

きたい研究内容であれば、聴衆から質問が出ます。うまく答えられなかったら、質問者が答えを誘導してくれることもあります。しかしつまらない研究内容だったら、誰も質問してくれません。講演中に部屋から出ていってしまう外国人もいます[*3]。

＊3　ヨーロッパでは、講演がつまらない場合、会場から出ていってもとくに文句はつけられません。

ステップアップ　チェックリスト

- □ 研究室で、本番どおりの予行演習をしましょう。
- □ なれてきたら原稿を見るのではなく、聴衆の反応を見ながら話しましょう。
- □ 聴衆は発表内容に期待しています。苦労して出した自分の研究結果を信じましょう。

実行難易度　Lv.2

39. やっぱり内容勝負！

国際会議の英語はなまりだらけ

1. 国際学会の英語はバラエティ豊か

国際学会で飛び交う英語は、「ネイティブなみ」の英語ばかりではありません。フランスなまり、中国なまり、インドなまりなどなどバラエティに富んでいます。なれないと、かなり聞きとりにくい[＊1]です。しかし、イギリス英語やアメリカ英語がしゃべれなくても、誰もまったく気にせずに自分の主張をしています。私たちも同じように**「日本語なまり」**で堂々と話しましょう。

＊1　聞き取れないときはもう一度、ゆっくりいってもらいます。それでも理解できなかったら、相手はわかりやすく言い換えてくれるはずです。

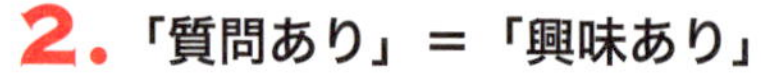

2. 「質問あり」＝「興味あり」

外国人はまったく遠慮せずに、理解できないことは「わからない」といいます。理解できないことは恥ずかしいことではないからです[＊2]。発表者の説明が悪い場合だけでなく、質問者の知識が足りない場合でも平然と「わからない」と質問してきます。ただし発表内容に興味がない場合にはまったく質問しません。質問は、研究内容に興味ありのしるしです。

＊2　日本と外国の文化的風土の違いです。

3. 大事なところはくりかえしゆっくりいおう！

流暢な英語は不要です。ゆっくりでも、研究内容をしっかり説明しましょう。あせることはありません。**キーワード**や**トピック・センテンス**などの大事なところはくりかえしたり、ゆっくりいって強調しましょう。そしてなるべく聴衆のほうを見ましょう。原稿を読み上げているうちは、聴衆は関心を示してくれません[＊3]。

＊3　英文原稿を「読む」のを減らしていき、原稿メモをちらっと見るだけにしていきましょう。

4. いいたいことはいおう！

言葉のハンデがあったとしても、研究にハンデはありません。実験データと研究の中身がよければ、素晴らしい研究発表になります。自分の研究に自信をもって、**キーワード**を強調して、いいたいことはしっかり主張しましょう。

こんなことある！ある？　図は口ほどに物をいう

ステップアップ　チェックリスト

- □ なまりだらけの英語でも次第になれて聞き取れるようになるので、動じないようにしましょう。
- □ 口頭では、冠詞の a と the、複数の s、三単現の s などの間違いも気にしないでおきましょう。
- □ 評価の対象となるのは、要旨やポスターに「書いた」ものです。英語で書く力をつけていきましょう。

実行難易度　Lv.3

40. 何度も挑戦しよう！

失敗しなきゃ成長しない

1. はじめは自信がなくてもいい

研究発表はネイティブ・スピーカーであっても緊張します。英語という言葉のハードルはなくても、研究内容の説明というハードルがあるためです。とにかくまずは、いいたいことをいえるようになりましょう。次の目標は、質疑応答で**キーワード**[*1]を聞き取れるようになることです。はじめは自信がなくても、学会での発表経験を通して堂々とやれるようになっていきます。

＊1　何度もくりかえされたり、ゆっくりと強調されます。

2. 今の英語力で戦えるよ

研究のことをもっともわかっているのは自分自身なので、自分の研究についていいたいことを話すだけであれば、誰でも発表ができるはずです。つまり、誰でも英語発表をする能力をもっているのです。基本的に今の英語力で十分に戦えます。単語を一つ二つ

なんでもQ&A

Q 自分の下手な発音を聞いていると、とても通じるとは思えず不安です。

A 気にする必要はありません。自分の研究に自信をもってください。

研究発表の場で話してみたら、意外と通じますよ。ネイティブ・スピーカーのようにペラペラ話せなくてもいいのです。聞き取れなかったり意味がわからなければ相手は聞き直してきますから、もう一度、説明すればよいのです。相手はあなたの「英語」を聞きたいわけではありません。あなたの「研究内容」を聞きたいのです。

こんなこと ある！ある？ 質問がいっぱい！

いい間違えても、s をつけ忘れても、研究内容は変わりません。とにかく英語発表に挑戦しましょう。

3. 場数（ばかず）を踏もう！

最初は話すだけで精一杯ですが、次第に聴衆の質問を聴けるようになり*2、うまく答えることができるようになります。発表の場数を踏むことが一番大事です。何回も失敗することで成長し、だんだん感覚をつかんでいきます。英語発表をしないかぎり、上達することはありません。学会での英語発表のチャンスがあったら、積極的に発表しましょう。

*2　多少、単語がわからなくても無視して、何の話をしているのかは理解しましょう。日本語だって、たまに知らない単語に出くわすことはありますよね。

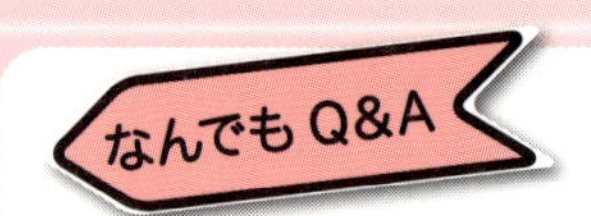

SPECIAL EDITION

Q 「プロジェクト発信型英語プログラム[*1]」って何？

A 学生自ら選んだテーマについて調べ、考えを探求するプロジェクトで、成果を英語で発表します。

学生一人一人が好きなテーマを選び、それについて調べて自分の考えを探求します（プロジェクト）。そして、その成果をみんなの前で英語で発表します。ポスター、スピーチ（口頭発表）あるいはYouTubeなどを使って、成果を世界中の人に発信します。

英語が苦手だからといって、プレゼンテーション能力やコミュニケーション能力が低いわけではありません。テーマについての英語発表の経験を通して、多くの学生は英語に対するコンプレックスを克服していきます。そして、見違えるように自信を獲得し、堂々と英語発表をやれるようになっていきます。学会発表は究極の「プロジェクト発信型英語プログラム」です。

Q TOEICテストは受けたほうがいいんですか？

A ぜひ受けましょう。

TOEIC（トーイック）[*2]とは、英語によるコミュニケーション能力（読む力と聞く力）を評価する世界共通のテストです。公開テストは年に何回か実施されています。テストの結果は10点から990点までのスコアで評価されるので、会社のエントリーシートに記入したり、面接の際に参考にされることもあります。まずは500点を超えることをめざしましょう。

700点以上あれば、高校の英文法・英文読解の内容をひととおり理解し、かつリスニングもだいたいできる状態です。ただし、自然科学において英語は「ツール」にすぎません。700点あっても科学的な議論や思考ができない人はたくさんいます。**科学的な思考力**も磨きましょう。

＊1　鈴木佑治博士が提唱し、慶應義塾大学や立命館大学で実践している英語教育法。
＊2　Test of English for International Communication の略。http://www.toeic.or.jp/

付録

理系の基本動詞40

発表に役立つ！

ここでは、科学的な議論や推論によく使われる英語の基本動詞 40 個の使い方を紹介します。紹介する単語は、PubMed で頻出して、自然科学で共通性の高い動詞です。論文の中で研究内容を説明したり、実験データと自分の考え（仮説や主張）を結びつける際には動詞を使います。ラテン語*に由来する言葉が多く、高校などで習った一般的な意味とは違う使い方をする場合も多いので、とにかくなれましょう。

※基本動詞はアルファベット順に並べてあります。動詞のあとに日本語の意味が書いてあり、前置詞をともなう場合には「動詞+前置詞」の形にしてあります。関連した単語がある場合には、使い分けについての説明があります。
※文例も読んで、動詞の使い方を確認しましょう。自分が読んだ論文と、用法を照らしあわせて見てみるのも参考になります。

---

* 古代ローマ帝国から近世までヨーロッパの大学や教会で使われていた言語。ニュートンの本もラテン語で書かれています。

A

affect **1**.〔～に〕影響を与える，影響する．〈**使い分け**：一般的にいう場合に使う．増加するなど結果がはっきりしているときには **affect** は使わない〉【名詞】**effect** 影響，効果

The lack of a Toll-like receptor affected susceptibility to bacterial infection.［Toll 様受容体の欠損は細菌への易感染性に影響を与えた.］

2.〔医学〕病気にする，罹患させる．【◆受動態で使う】**affected with** ～ ～(の病気)に冒される．

allow 《物などが》〔～を〕可能にする．

A conformational change of the receptor allows interaction with adaptor proteins.［受容体の立体構造の変化はアダプタータンパク質との相互作用を可能とする.］

analyze 〔～を〕分析する，解析する，分解する．

Data were analyzed by Student's *t* test.［データは Student の *t* 検定で分析した.］

appear **1**. **appear to** ～〔～のように〕思われる，見える．【**seem to** と同じ意味．実験的根拠が弱い場合に使う】

This extraction method appears to be as efficient as the previous ones.［この抽出法は従来法と同等に効率的だと思われる.］

2. **appear in** ～《雑誌などに》掲載される，出る，現れる．

My article appears in a journal.［私の論文が雑誌に掲載されている.］

C

characterize 〔～を〕特徴づける．

This disease is characterized by mutations in tumor suppressor genes.［この病気は腫瘍抑制遺伝子の変異で特徴づけられる.］

conclude 〔～と〕結論する，結論づける．【名詞】**conclusion** 結論

We conclude that acetylation of histones plays a pivotal role in gene regulation.［われわれはこのタンパク質のアセチル化が遺伝子発現に重要な働きをしていると結論づける.］

confirm 〔～を〕確認する，〔～が正しいと〕確認する，確証する．【すでに知られていることや，わかっていることに対して使う】

The results confirmed that this constituent has anti-allergy effects.［実験結果から，この成分が抗アレルギー作用をもっていることを確認した.］

contribute to ～ 〔～の〕原因となる，〔～の〕一因となる，寄与する．

Hepatitis C virus infection contributes to development of hepatocellular carcinoma.［C 型肝炎ウイルスの感染は肝臓がんへの進展の原因となる.］

correlate with ～《数学的に，統計的に》〔～と〕相関する．

Serum cholesterol levels are correlated with the incidence of coronary heart disease.［血清コレステロール値は冠状動脈性心疾患の罹患率と相関している.］

D

decrease **1**. 減る，減少する，低下する．**2**. 減らす，減少させる，低下させる．【**2**. の同義語 **reduce**】【⇔ **increase**（増える，増やす）】

The expression of *COX-2* gene decreased in adenomas.［腺腫において *COX-2* 遺伝子の発現が減少した.］

define 《教科書，学会などが》定義する，規定する．

Solubility in water is defined as the maximum amount of a substance that can be dissolved in a unit of water. ［水への溶解度は一定量の水に溶ける物質の最大量と定義される.］

demonstrate that ～ 《推論や証拠を示して～ということを》実証する，証明する，(直接)示す.〈**使い分け**：**demonstrate** は科学的根拠がはっきりしている場合に使う. **show** は一般的に「(データ等）を示す」という意味で,「実証・証明する」という意味はない〉

The findings demonstrate that the steroid receptor binds to the gene promoters. ［この知見はステロイド受容体が遺伝子プロモーターに結合することを実証している.］

depend on ～, **depend upon** ～ 〔～に〕依存する.

Cytoprotection by this drug depends on the increase of transcription factors. ［この薬物による細胞保護作用は転写因子の増加に依存している.］

describe 〔～を〕述べる，記述する，記載する.

【◆ describe のあとに about や that は続かず，名詞が続く】〈**使い分け**：**state that** は **describe** と同じ意味だが，**that** の後に文が続く〉

We described the identification of a new compound. ［われわれは新規化合物の同定について記述した.］

E

estimate 《数や量を》推定する，見積もる.〈**使い分け**：**measure** 《数や量を直接》測定する〉

We estimated the expression levels of β-tubulin mRNA. ［われわれは β チューブリン mRNA の発現量を推定した.］

evaluate 《性質や機能を》評価する，査定する.

We evaluated roles of this protein kinase. ［われわれはこのタンパク質リン酸化酵素の役割を評価した.］

examine 調べる,《詳しく》調べる.〈**使い分け**:「調べる」という意味では **study** と同じ〉

Action of this anti-inflammatory drug was examined. ［この抗炎症薬の作用を調べた.］

exhibit 《性質や形質などを》示す.

Seven of 78 genes exhibited increased expression in the stomach. ［78 遺伝子中，7 遺伝子が胃における発現上昇を示した.］

express 《遺伝子，RNA またはタンパク質が》発現する，発現させる.**【◆遺伝子が転写されて RNA がつくられ，RNA が翻訳されてタンパク質がつくられることをいう】**

The transcription factor Sp1 was expressed in many types of cells. ［転写因子 Sp1 は多くの種類の細胞で発現していた.］

G・I

generate 《ものなどを》作製する，作り出す，産生する.**【同義語 produce 1.】**

Smith *et al.* generated mice with deletion of a cytokine gene. ［Smith らは一つのサイトカイン遺伝子が欠損したマウスを作製した.］

identify 《物質や動植物などを》同定する,《ある特定のものと》同じであることを確認する.

We identified a mutation of the Rb protein. ［われわれは Rb タンパク質の一つの変異を同定した.］

implicate in ～〔～に〕関与させる，関連づける，意味づける.

be implicated in〔～に〕関与している.**【同義語 involve のほうがよく使われる】**

MAP kinase is implicated in carcinogenesis of lung cancer. ［MAP キナーゼは肺がんの発がんに関与している.］

increase **1**. 増える，増加する，上昇する. **2**. 増やす，増加させる，上昇させる.**【⇔ decrease**（減る，減らす)**】**

Serum hemoglobin levels increased.［血清ヘモグロビン値が上昇した.］

indicate 《著者の主張やデータの結論などを直接》示す，指し示す.

These experiments indicate that the macrophages produce several chemokines.［これらの実験は，マクロファージが数種のケモカインを産生していることを示している.］

investigate 《詳しく》調べる，精査する; 研究する，調査する.〈**使い分け**：**study** は一般的に「調べる」「研究する」ときに使い，**investigate** は「詳しく調べる」「精査する」場合に使う〉

We investigated mechanisms of this phenomenon.［われわれはこの現象の機序を精査した.］

involve **1**.〔～に〕影響をおよぼす，関係する. **2**.〔～に〕関与させる，関係させる.【機能などの抽象的なものに対して使う】

The pathway involves activation of a protein kinase.［この伝達経路は一つのタンパク質リン酸化酵素の活性化に影響を及ぼしている.］

be involved in ～〔～に〕関与している.【同義語 **implicate in** と同じ意味】

Heme oxygenase is involved in responses to hypoxia.［ヘムオキシゲナーゼは低酸素に対する応答に関与している.］

M・P

make 行う，なす，する; 作る，～を成す; させる.

Major advances have been made in elucidating this mechanism.［この機序の説明に関する大きな進展がなされてきた.］

prevent 〔～を〕阻止する，妨げる，防ぐ.

The disruption of this gene prevented obesity in mice.［この遺伝子の破壊はマウスの肥満を阻止した.］

produce **1**.〔～を〕作る，合成する，産生する.【同義語 **generate**】

2.〔～を〕引き起こす，もたらす.【同義語 **lead to**, **cause**, **result in**】

The knockout of an interferon gene produced a decrease of anti-viral responses.［インターフェロン遺伝子の破壊は抗ウイルス応答の減弱を引き起こした.］

provide **1**.《実験データや証拠を》提供する，提示する. **2**.《あることを》もたらす，与える.

These data provide the first evidence that stem cells are present in the intestinal epithelium.［これらのデータは，幹細胞が腸管上皮に存在することを示す最初の証明である.］

R

remain 〔～の〕ままである，状態である.

It remains unknown how this molecule is involved in symptoms of bronchial asthma.［この分子が気管支喘息の症状とどのように関与しているかは不明である.］

represent **1**.〔～に〕相当する，である,〔～を〕表す.

This adaptor protein may represent an important target molecule.［このアダプタータンパク質は重要な標的分子であるかもしれない.］

result

result in ～ 〔～という〕結果になる，結果をもたらす.【同義語 **lead to**, **cause**】

Increased expression of this protein resulted in apoptosis in the thyroid gland.［このタンパク質の発現増加は，甲状腺におけるアポトーシスをもたらした.］

result from ～〔～に〕起因する.

reveal 〔～を〕明らかにする.〈**使い分け**：**show** といいかえられることも多い〉

The nucleotide sequence analysis revealed that the rat gene showed 76% homology to the human counterpart. ［配列解析によって，ラット遺伝子は対応するヒト遺伝子と76%の相同性を示すことが明らかとなった.］

S

show 《著者の主張やデータの結論などを》示す;《図表を》示す.〈**使い分け**：**indicate**, **suggest** も著者の主張を示す場合に使われるが，**show** は単に示すという意味でも使われる〉

Our data showed that this receptor is a key factor in the signaling pathway. ［われわれのデータはこの受容体がシグナル経路における重要な因子であることを示した.］

study 研究する，調べる，調査する，検討する.【名詞】**study**, **studies** 研究〈**使い分け**：**study** は一般的に「調べる」「研究する」ときに使い，**investigate** は「詳しく調べる」場合に使う;「調べる」という意味では **examine** と同じ〉

We studied roles of tumor suppressor genes in the development of cancer. ［われわれは，がんの進展におけるがん抑制遺伝子の役割について研究した.］

suggest 《著者の主張や仮説などを》示唆する.【同義語 **imply**】〈**使い分け**：**suggest** は自分の実験データ（実験的根拠）をもとに主張するときに使う一般的な動詞．根拠が弱かったり，十分でないときには **speculate**（推測する，推察する）などを使う．**suppose**（想定する，仮定する;思う）は使わない〉

Our data suggest that the mutated protein has oncogenic activity. ［われわれのデータは変異タンパク質ががん原性を持っていることを示唆している.］

support 《著者の主張や仮説などを》支持する.

These data support our hypothesis. ［これらのデータはわれわれの仮説を支持する.］

T・U

take 取る.

Taken together 《文の先頭で，前の文を受けて》まとめると.

Taken together, these results suggest that erythropoietin is involved in differentiation of erythrocytes. ［まとめると，これらの結果はエリスロポエチンが赤血球の分化に関与していることを示唆している.］

underlie 〔～が〕基礎となる，根底にある.【**underline**（下線を引く）とは意味が違う】

A mechanism underlies changes of the VEGF expression. ［ある機序がVEGF（血管内皮細胞増殖因子）の発現変化の根底にある.］

◆さらにくわしく知りたい人は，つぎの本などを参考にしてください.

ライフサイエンス辞書プロジェクト　監修，河本健　編集『ライフサイエンス英語類語使い分け辞典』羊土社（2006）

ライフサイエンス辞書プロジェクト　監修，河本健・大武博　編集『ライフサイエンス英語表現使い分け辞典（第2版）』羊土社（2016）

あとがき

理系の学生と大学院生が研究生活で直面する大きな問題は、どのように「実験」と「研究発表」を行うかです。実験にも研究発表にも基本的な技術とある程度の経験が必要で、すぐにうまくできるものではありません。そうはいっても、難しすぎる技術解説（ハウツー）本か、抽象的なことばかり述べる本はたくさんありますが、初心者にほんとうに役立つ本はないに等しい状況でした。

実験の基本的なことについては前著『はじめての研究生活マニュアル―解消します！理系大学生の疑問と不安―』に書きました。この本では、学生と大学院生のもう一つの大きな目標である学会発表について、わたしの研究室で「どうやったら聴衆に理解してもらえるか」説明してきた内容をまとめています。成果が出てきた研究内容を学会本部に応募して発表するまでについて、学生・大学院生に役立ててもらえる内容を、化学同人の浅井歩さんと考えました。

英語発表に関する部分については、立命館大学でプロジェクト発信型英語を実践している山中司先生にさまざまな助言をいただきました。また、付録の英文表現についてはイリノイ・カレッジのLaura Corey先生に校閲をしていただき、動詞の使用法についての助言もいただきました。前回にひきつづいて、天野勢津子さんには熱木研究室の楽しいイラストを書いていただきました。マンガのネタの参考にした、わたしの研究室の学生と大学院生、そしてご協力いただいたすべての方に感謝します。

この本を読んで学会発表が成功し、充実した研究生活をすごせる学生が少しでも増えてくれれば、これにまさる喜びはありません。

2017年3月

西澤幹雄

卒業おめでとう！

INDEX

アルファベット・数字

あ

か

さ

■著者略歴

西澤幹雄（にしざわ　みきお）
長野県長野市出身。長野高校卒業。1983 年富山医科薬科大学（現富山大学）医学部医学科卒業、1987 年東北大学大学院医学研究科博士課程単位取得退学。東北大学、財団法人大阪バイオサイエンス研究所、スイス・ジュネーブ大学、関西医科大学などを経て、現在、立命館大学生命科学部生命医科学科教授。医学博士。専門は、分子生物学、生化学。

ぜったい成功する！ はじめての学会発表
―たしかな研究成果をわかりやすく伝えるために―

2017 年 4 月 20 日 第 1 刷 発行

著　者　西 澤 幹 雄
発行者　曽 根 良 介
発行所　(株)化 学 同 人

検印廃止

〒600-8074　京都市下京区仏光寺通柳馬場西入ル
編集部 TEL 075-352-3711　FAX 075-352-0371
営業部 TEL 075-352-3373　FAX 075-351-8301
振　替　01010-7-5702
E-mail　webmaster@kagakudojin.co.jp
URL　http://www.kagakudojin.co.jp

印刷・製本　(株)太洋社

ISBN978-4-7598-1930-4